U0110689

大展好書　好書大展
品嘗好書　冠群可期

大展好書　好書大展
品嘗好書　冠群可期

序

60多年以前我學習解剖學的時候，同學中流傳著「一嗅二視三動眼，滑車三叉六外展……」等順口溜；把張開五指的右手魚際蓋住右耳代表面神經在面部五個分支方向的手勢；以「斤」字表示門靜脈構成形式的辦法……。

這些都是學解剖學的人創造的幫助記憶解剖學內容的竅門，對學生、青年臨床醫師學習和回憶解剖學知識都有好處。

多年前有一位在英國的同學寄給我一本小書，其內容類似上面說的那些。可見尋求記憶解剖學內容的方法中外一樣。

兩年前在一個學習班上認識了張元生醫師，他給我看了他寫的解剖學內容的歌訣，並說「目的是為幫助初學者記牢應記的內容，幫助青年醫師回憶學過的解剖學知識，已累積了100多首」。我認為，作為一位臨床醫師，還關心學生學習基礎課，關心青年醫師使用、鞏固基礎知識，是難能可貴的。

今夏張醫師寄來了這本書的清稿，我愉快地閱讀了。我認為這是一本值得讚許的著作。雖然，它只包

括解剖學內容的一部分，也沒有更多的理論闡述，歌訣也未必都合轍押韻，但是，它是幫助學習者牢記解剖學內容的書。這本書絕不能代替教科書或「大部頭」的參考書，但它是值得推薦的輔助讀物。

王永貴　於成都

再版前言

　　人體解剖學是基礎醫學的基礎，是學習生理學、病理學和臨床醫學各科的先修課。醫學書中三分之一以上的名詞是解剖學名詞，故人體解剖學是一門重要的基礎醫學科學。

　　當你在醫學院校讀書時，儘管將人體解剖學背得滾瓜爛熟，一旦走上工作崗位後，當上級醫生向你問到某個解剖學方面的問題時，你可能答不及格。即使你在基層醫院當了多年外科醫生，有時同事或學生向你請教某個關係到解剖學方面的問題時，你可能會張口結舌。的確，人體解剖學是一門比較難學易忘的功課（諸如肌的起、止點，血管的分佈，神經的傳導通路等）。背熟了又忘，忘了再背，反覆多次還是不易記牢。可是，無論你向任何一位醫生或護士問到十二對腦神經的名稱時，他會脫口而出；這是因爲在校學習時老師把它編成歌訣教給學生，這個方法省時省力容易記，背熟了就不容易忘記。又如，中國醫學把中藥的配伍禁忌、湯頭等編成歌訣，背熟了歌訣在實際工作中受用不盡。除了歌訣之外，每個人在學習過程中都可以創造多種多樣的學習竅門。有人把這些有助於速記、牢記的方法叫做「黃金記憶法」。當然，一大本解剖學教科書中的絕大部分內容還是要靠多觀察標本、模型、思考、理解，理解了的東西就容易記

憶。能編成歌訣的內容是有限的；歌訣也只是在充分理解原著的基礎上幫助強化記憶的方法之一。總之，我們在學習過程中把理解、強記、活記加巧記靈活運用就會收到事半功倍的效果。

為了幫助初學者速記、牢記解剖學各章節中重要而又難記的內容，幫助青年醫師回憶和鞏固已學過的解剖學知識，筆者以系統解剖學本科教材第四版爲腳本，對書中一部分難記、易忘而臨床上又常常接觸到的內容進行了推敲，試將平鋪直敘的課文編成歌訣韻語一百多條，在教學工作中運用深受學生們歡迎，收到很好的效果。

《人體解剖學歌訣》首版一萬冊很快售罄。後來又多次重印，堪稱暢銷。一位在學的醫學生在給我的來信中說他用一分鐘的時間記熟了踝管的局部解剖，且永遠不會忘記。廣大讀者對本書的認可並未令作者陶醉，因爲歌訣體裁的科技讀物不可能是完善的，缺點是難免的，因此，在後來的修訂中不斷徵求專家學者的意見。

在四川大學華西醫學院王永貴教授、中國醫科大學于頻教授、華中科技大學同濟醫學院陳豔賢教授和武漢大學醫學院皮昕教授的親切關懷和熱情指導下，本書得以日臻完善，在此再次向先賢們致以衷心感謝。

張元生

目　錄

第一部分　運動系

一、上肢主要骨骨化點出現及長合時間

（一）肱　骨

大小結節肱骨頭，

二四一歲初露臉，②

二十一二即長合。

兩歲出現肱小頭，

六至八歲內上髁。

外上十三滑車九，②

長合都在成年後。③

（二）尺　骨

八至十歲長鷹嘴，

七至八歲尺骨頭。

（三）橈　骨

橈骨頭出五六歲，

下端生後一歲多。

（四）腕　骨

一歲出現頭狀鉤，④

三三四月五歲舟。⑤

大小多角六七歲，⑥

八至十四長豌豆。

〔注釋〕

①二四一歲初露臉——大結節、小結節、肱骨頭，分別約在 2 歲、4 歲和 1 歲時出現骨化點。

②外上十三滑車九——肱骨外上髁和滑車分別在 13 歲和 9 歲時出現骨化點。

③長合都在成年後——肱骨小頭、內上髁、滑車和外上髁的骨骺（長形骨的兩端）長合時間都是在 18～19 歲。

④一歲出現頭狀鉤——頭狀骨和鉤骨 1 歲出現骨化點。

⑤三三四月五歲舟——三角骨 3 歲、月狀骨 4 歲、腕舟骨 5 歲出現骨化點。

⑥大小多角六七歲——大多角骨 6 歲、小多角骨 7 歲出現骨化點。

二、脊柱（概況）

脊柱形似竹節鞭，
二十四塊椎骨連。
頸七腰五胸十二，
骶尾各一在下端。
頸至腰五體漸大，①
骶底較寬尾骨尖。
身高五分之二長。②
側位看來四個彎。③
胸曲骶曲向後凸，

頸曲腰曲弓向前。
椎骨之間七處連，
椎體之間椎間盤；
後縱韌帶椎管內，
前縱韌帶椎體前；
小關節突相互連；④
韌帶棘上和棘間。⑤
椎管壁上黃韌帶，⑥
連結鄰位椎弓板。

〔注釋〕

①頸至腰五體漸大——從第 3 頸椎至第 5 腰椎的椎體逐漸增大。

②身高五分之二長——脊柱長度相當於自身身長的 2/5。

③側位看來四個彎——嬰兒開始抬頭時出現頸曲，幼兒開始坐和站立時出現腰曲，此時保留下來的背曲即為胸曲和骶曲。

④小關節突相互連——上一位椎骨的下關節突與下一位椎骨的上關節突相關節。

⑤韌帶棘上和棘間——棘上韌帶和棘間韌帶。

⑥椎管壁上黃韌帶——黃韌帶協助圍成椎管，連接鄰位的椎弓板。

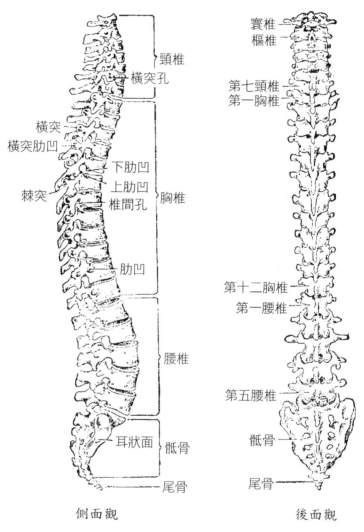

頸椎
橫突孔

橫突
橫突肋凹

棘突

下肋凹
上肋凹
椎間孔

胸椎

肋凹

腰椎

耳狀面
骶骨

尾骨

側面觀

寰椎
樞椎

第七頸椎
第一胸椎

第十二胸椎
第一腰椎

第五腰椎

骶骨

尾骨

後面觀

圖Ⅰ-1 脊柱

三、頸椎的形態特徵

頸椎橫突都有孔，
環樞形狀最難忘。①
二～六棘突都分叉，
三～七椎緣呈鉤狀。②
頸六橫突結節大，
頸七棘突特別長。

〔注釋〕

①環樞形狀最難忘——由於環椎和樞椎的形狀特殊，一望便知，環椎是第 1 頸椎，樞椎是第 2 頸椎。

②三～七椎緣呈鉤狀——第 3～7 頸椎體上面兩側緣向上翹起，稱為椎體鉤。

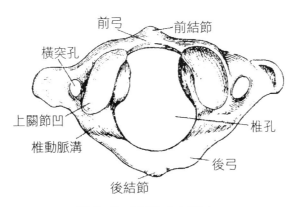

圖 I-2　環椎（上面）

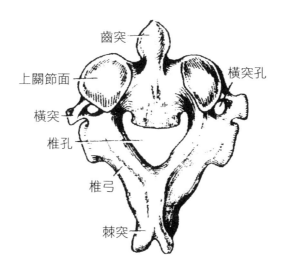

圖 I -3　樞椎（上面）

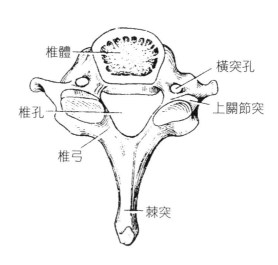

圖 I -4　第 7 頸椎（上面）

人體解剖學歌訣

四、胸椎的形態特徵

胸椎棘突都較長，

彼此疊掩覆瓦狀。

椎體後外有肋凹，①

九至十二不一樣。

九十椎無下肋凹，②

胸末兩椎橫突光。③

〔注釋〕

①椎體後外有肋凹——第 1~8 胸椎椎體側面的後份上、下各有 1 對肋凹。

②九十椎無下肋凹——第 9、10 胸椎沒有下肋凹。

③胸末兩椎橫突光——第 11、12 胸椎橫突沒有橫突肋凹。

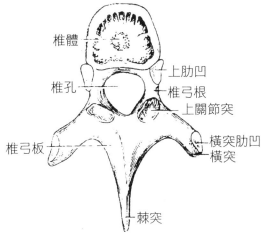

椎體

椎孔

椎弓板

上肋凹

椎弓根

上關節突

橫突肋凹

橫突

棘突

圖 I-5　胸椎（上面）

五、腰椎的形態特徵

腰椎形狀都一樣，
椎孔寬大椎體壯。
小關節面矢狀位，①
板狀棘突不下垂。②

〔注釋〕

①小關節面矢狀位──腰椎上 1 位椎骨的下關節突與下 1 位椎骨的上關節突之間的關節面呈矢狀位。

②板狀棘突不下垂──腰椎棘突呈板狀，幾乎水平地突向後方。

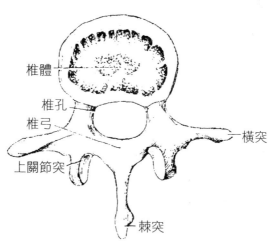

圖 I -6　腰椎（上面）

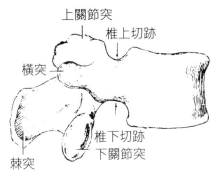

圖 I-7　腰椎（側面）

六、骶　骨

五塊骶椎鑄骶骨，①
上寬下窄向後凸。
盆面光滑背面糙，
背面骶嵴龍五條。②
前後各有四對孔，
各孔都與骶管通。
末端兩節缺椎弓，
先天形成骶裂孔。

〔注釋〕

①五塊骶椎鑄骶骨——骶骨由 5 個骶椎融合而成。

②背面骶嵴龍五條——骶骨背面有 5 條縱形骶嵴，有
一位學者將它比喻為 5 條龍，即：骶正中嵴，骶中間嵴左右
各一，骶外側嵴左、右各一。

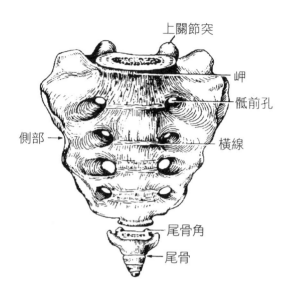

圖 I-8 骶骨和尾骨（前面）

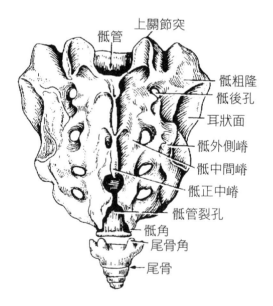

圖 I-9 骶骨和尾骨（後面）

七、胸　骨

胸骨好像一把劍，
位於胸廓正中前。
上部叫做胸骨柄，
七個切跡在周邊。①
柄體接頭胸骨角。②
第二肋的標誌點。
體連肋軟二至七，③
劍突圓鈍在下端。

〔注釋〕

①七個切跡在周邊
——胸骨柄上方有頸
靜脈切跡，側方有鎖骨
切跡和第1肋切跡。胸
骨角處有第2肋切跡。

②柄體接頭胸骨角
——胸骨柄與體接頭
處叫胸骨角，是計數第
2肋的標誌。

③體連肋軟二至七
——胸骨體兩側與2～
7對肋軟骨相連。

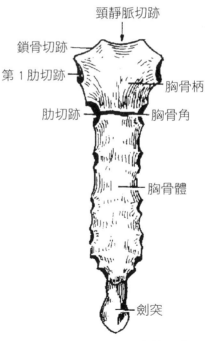

圖 I-10　胸骨（前面）

八、肋　骨

　　肋骨共有十二對，
　　形狀長短不統一。
　　八至十二稱假肋，
　　真肋只有上七位。
　　兩對浮肋最短小，
　　位居十二和十一。

　　典型肋骨是弓形，
　　肋頭連結椎後份。①
　　頭下叫做肋骨頸，
　　肋結節與橫突吻。②
　　肋體內下有肋溝，
　　神經血管溝中行。

〔注釋〕
　　①肋頭連結椎後份——肋骨頭與相應的胸椎橫突肋凹（位於胸椎體後份的上、下方）相關節、稱肋頭關節。
　　②肋結節與橫突吻——肋骨頸下方的突起稱肋結節，肋結節與相應胸椎的橫突肋凹構成肋橫突關節。
　　③神經血管溝中行——肋骨內面近下緣處有肋溝，是肋間神經、血管經過之處。

九、胸部的標誌線

棘突橫突和腋窩，
肩胛下角胸骨鎖；①
標誌線有十八條，②
這道作業自己做。③

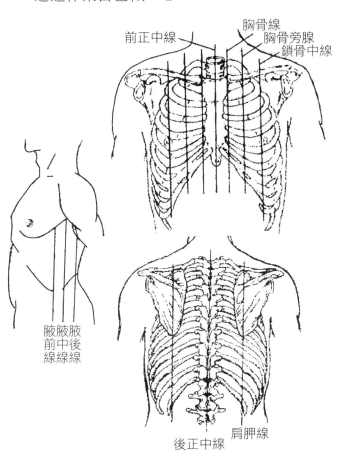

圖Ⅰ-11　胸部（前面、側面、後面）標誌線

〔注釋〕

①肩胛下角胸骨鎖——肩胛下角、胸骨和鎖骨。

②標誌線有十八條——胸部人為的標誌線有 18 條，即：通過胸骨和棘突的垂直線分別稱為前、後正中線。通過肩胛下角的垂直線稱肩胛線。沿椎骨橫突外側端的垂直線稱為脊柱旁線。經腋窩前、中、後的垂直線分別稱為腋前線、腋中線和腋後線。經鎖骨中點的垂直線稱鎖骨中線，胸骨兩側緣的垂直線稱胸骨線。胸骨線與鎖骨中線中點的垂直線稱胸骨旁線。

③這道作業自己做——告訴你胸、背部的標誌，讀者自己就應該能畫出 18 條標誌線。

十、顱骨的名稱和數目

六塊聽骨不計算，
顱骨共有二十三；
眶上～耳門為界線，①
上為腦顱下為面。

腦顱共有骨八塊，
枕額蝶頂顳和篩。②
面顱骨形多種樣，
構成眼眶口鼻腔。
上頜骨和鼻顴淚，
腭下鼻甲皆成對；③
下頜犁舌是單一。④

〔注釋〕

①眶上～耳門為界線——眶上緣與外耳門連線的上方是腦顱，下方是面顱。

②枕額蝶頂顳和篩——腦顱有枕骨、額骨、蝶骨、頂骨、顳骨和篩骨。其中頂骨和顳骨各2塊，共8塊。

③上頜骨和鼻顴淚，腭下鼻甲皆成對——上頜骨、鼻骨、顴骨、淚骨、腭骨和下鼻甲骨是成對的顱骨。

④下頜犁舌是單一——下頜骨、犁骨和舌骨各1塊。

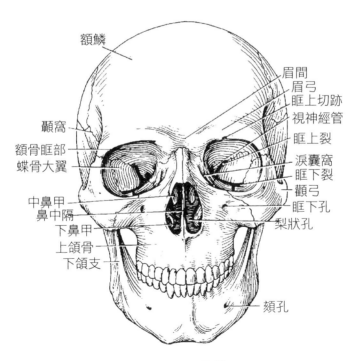

圖Ⅰ-12　頭骨前面觀

十一、顱　底

顱底內面坑凹多，
分為前中後顱窩。
額骨構成前窩壁，
蝶骨小翼是底座。①
篩骨參與鼻縱隔，②
篩板裏面有篩竇。③

重要結構在中窩，
中間狹窄兩邊闊。
蝶骨位於正中央，
頂顳邊角巧拼湊。④

蝶背正中垂體窩、
視神經管前外過。⑤
垂體窩周稱蝶鞍。
頸動脈管在左右。

大小翼間通眼眶，
動眼神經縫中走。⑥
顳骨岩部有壓痕，
三叉神經足跡留。⑦

枕骨鑄成顱後窩，

顳骨岩部填鴻溝。⑧
枕骨大孔在正中，
大孔兩側有洞口。⑨
洞中舌下神經走，
內耳門通顳岩後。⑩

後窩有對小腦窩，
周邊環形橫竇溝。⑪
前段改名乙狀竇，⑫
頸靜脈孔是終末。⑬
橫竇後方交匯處，⑭
上矢狀竇之源頭。

〔注釋〕

①蝶骨小翼是底座——蝶骨小翼構成顱前窩的後緣。

②篩骨參與鼻縱隔——篩骨參與構成顱前窩，它的篩板將顱腔與鼻腔隔開，它的垂直板參與構成鼻縱隔。

③篩板裏面有篩竇——篩骨迷路內蜂窩狀小房總稱為篩竇。

④頂顳邊角巧拼湊——頂骨前下角和顳骨岩部以及顳鱗參與顱中窩的構成。

⑤視神經管前外過——蝶骨體上面的窩為垂體窩，窩的前外側方有視神經管通入眶腔。

⑥動眼神經縫中走——蝶骨大、小蝶翼之間的縫隙叫眶上裂，通眼眶。動眼神經經眶上裂進入眼眶。

⑦三叉神經足跡留——顳骨岩部前面有三叉神經壓跡。

⑧顳骨岩部填鴻溝——顳後窩由枕骨和顳骨岩部構成，絕大部分是枕骨，顳骨岩部充填在岩枕裂處。

⑨大孔兩側有洞口——枕骨大孔前外側緣上方的兩側各有一個小洞，是舌下神經通過之處。

⑩內耳門通顳岩後——顳骨岩部的後面有一個較大的孔為內耳道的開口。

⑪周邊環形橫竇溝——小腦窩後上方的環形溝是橫竇溝。

⑫前段改名乙狀竇——橫竇溝在枕骨及顳骨內面向外

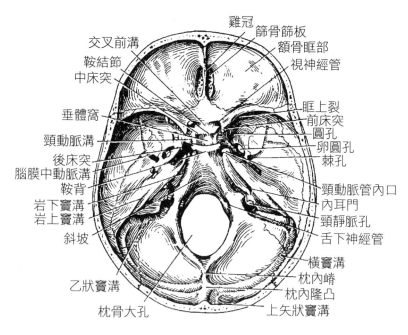

圖 I-13　顱底內面觀

側橫行，轉向前下內，改名為乙狀竇溝。

⑬頸靜脈孔是終末——乙狀竇溝的末端續於頸靜脈孔。

⑭橫竇後方交匯處，上矢狀竇之源頭——顱後窩的後壁呈十字形隆起，其交匯處是枕內隆起，相當於橫竇後方的交匯處，由此向上的淺溝延伸為上矢狀竇，因此，此處相當於上矢狀竇的源頭。

十二、肩胛骨

肩胛骨呈三角形，
蓋在胸廓後上份。
介於二至七肋間，
三緣三角兩個面。
脊柱緣薄上緣短，
腋緣厚實下角尖。

肩胛骨從背面看，
喙突如指伸向前，
肩胛切跡像山谷，①
肩峰高矗似山巔。

肩胛岡與肩峰連，
橫貫肩胛骨背面。
岡上岡下是凹陷，
同名肌的起始點。②

肩峰籠罩關節盂，
盂端梨形關節面。③
盂上結節小骨突，
盂下結節粗糙面。④

肩胛頸在盂內緣，
頸周骨面稍凹陷。

〔注釋〕
①肩胛切跡像山谷——肩胛切跡位於肩胛骨上緣外側
份與喙突內側，很像兩座山之間的一峽谷。
②同名肌的起始點——岡上肌和岡下肌分別起自肩胛

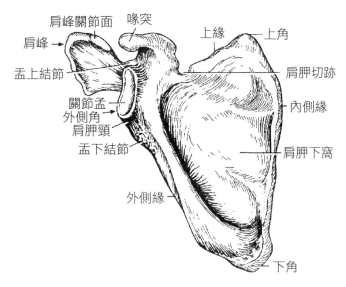

圖 I-14　肩胛骨（前面）

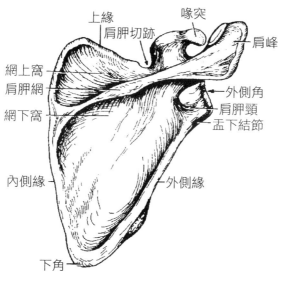

圖Ⅰ-15　　肩胛骨（後面）

骨的岡上窩和岡下窩。

　　③盂端梨形關節面——關節盂之關節面形似梨狀。

　　④盂下結節粗糙面——盂下結節無明顯突起，只是粗糙的骨面。

十三、肱　骨

　　肱骨頭是半球形，
　　頭下稱為解剖頸。
　　頸前外側不平整，
　　大小結節兩條嶺，①
　　解剖頸下約一寸，

易於骨折外科頸。
骨體後面螺旋溝，
橈神經在溝中行。

下端膨大向前翹，
滑車接尺小頭橈。②
小頭外側外上髁，
滑車內側神經溝。③
溝上突起內上髁，
滑車上方前後窩；④
冠狀窩淺位於前，
鷹嘴窩深位於後。

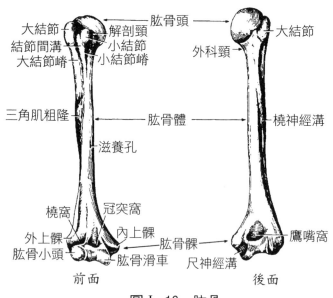

圖Ⅰ-16　肱骨

〔注釋〕

①大小結節兩條嶺——大、小結節向下延續的部分分別叫做大、小結節嵴。「嵴」是山嶺的背，此處「嶺」代表結節嵴。大、小結節嵴之間是結節間溝。

②滑車接尺小頭橈——肱骨下端滑車與尺骨鷹嘴相關節，肱骨小頭與橈骨頭相關節。

③滑車內側神經溝——肱骨滑車內側是尺神經溝。

④滑車上方前後窩——滑車上方的前面是冠狀窩，後面是鷹嘴窩。

十四、尺骨和橈骨

掌心向上前臂伸，
內尺外橈相平行。①
尺骨近端較粗大，
滑車切跡月牙形。
上端鉤狀叫鷹嘴，
冠突橈骨切跡平。②
橈切跡下是粗隆，③
骨體上段三棱形。
遠端叫做尺骨頭，
莖突長約半公分。

橈骨頭是圓盤形，
頭下叫做橈骨頸。

頸下內側小骨突，
尺橈粗隆斜對門。④
橈骨體亦呈三棱，
遠端膨大是斜形。
接觸舟月腕關節，
莖突位於外下份。

上下尺橈關節淺，⑤
橈骨上端可旋轉。
前臂功能最重要，
解剖關係不能變。⑥

〔注釋〕

①掌心向上前臂伸，內尺外橈相平行——掌心朝上、前臂平伸時，前臂內側的尺骨和外側的橈骨基本上相平行。

②冠突、橈骨切跡平——尺骨上端的橈切跡是在冠突的外側份。

③橈切跡下是粗隆——尺骨的橈切跡下方是尺骨粗隆，是肱肌的止點。

④尺橈粗隆斜對門——尺骨粗隆比橈骨粗隆高出約 0.8 公分，兩者是斜對面關係。

⑤上下尺橈關節淺——橈骨頭與尺骨上端的橈切跡構成上尺橈關節，尺骨頭與橈骨遠端內側構成下尺橈關節，上、下尺橈關節都是表淺的壓跡。

⑥解剖關係不能變——前臂骨折時要求解剖對位，保持尺、橈骨之間的正常解剖關係，否則將導致功能障礙。

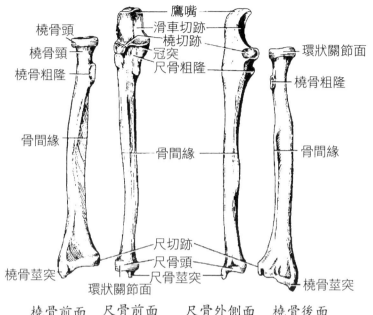

橈骨前面　尺骨前面　尺骨外側面　橈骨後面

圖Ⅰ-17　橈骨和尺骨

十五、腕　骨

舟月三角豆，①
大小頭狀鉤。②

〔注釋〕

①舟月三角豆——腕舟骨、月骨、三角骨、豌豆骨。

②大小頭狀鉤——大多角骨、小多角骨頭狀骨和鉤骨。

十六、股　骨

股骨頭是圓球形，
頭下便是股骨頸。
頸下內側小轉子，
大轉子在外上份。

轉子下是股骨體，
體部稍向前弓曲。
頸幹角約一百三，①
男女個體有差異。

骨體後方有粗線，
粗線兩端分叉延。②
上兩線是肌止點，
下兩線間是膕面。

下端膨大突向後，
分別稱為內外髁。
前面光滑叫髕面，
後面凹陷髁間窩。
兩側突起最高點，
內上髁和外上髁。

〔注釋〕

①頸幹角約一百三——頸幹角個體差異較大,正常成人變動於 115°～140°之間,平均約為 130°。

②粗線兩端分叉延——股骨幹後方有一縱行的粗線,粗線上、下兩端分叉,上端分叉線向上外延續為臀肌粗隆、向上內延續為恥骨肌線。粗線向下亦分為內、外兩線,二線間的骨面稱為膕面。

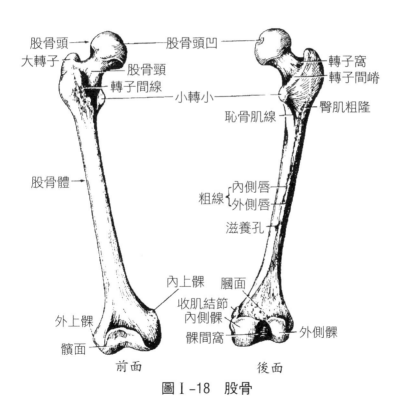

圖 I-18　股骨

十七、脛骨和腓骨

小腿全靠脛骨撐，
骨體中上三棱形。
前緣叫做脛骨嵴，
內面位於皮下層。

上端膨大略後傾，
股骨下端相對應。
髁間隆起兩個棘，①
粗隆位於前下份。
骨體下段呈方形，
內踝下突兩公分。②

腓骨細長不負重，
脛腓兩端有壓痕。③
下端膨大為外踝，
踝穴騎住距骨臀。④

〔注釋〕

①髁間隆起兩個棘——脛骨兩髁的平臺之間有兩個小突起，叫髁間隆起，也稱髁間棘。

②內踝下突兩公分——脛骨下端稍膨大，其內側向下突起的部分長約 2 公分，叫內踝。

③脛腓兩端有壓痕——脛骨與腓骨上、下端互成關節，

關節面為表淺的壓跡。

④踝穴騎住距骨臀——內、外踝之間的凹窩叫踝穴，踝穴騎在距骨的「臀部」，而不是騎在背部。有位學者把這種關係比喻為騎驢（騎臀部），而不是騎馬（騎背部）。

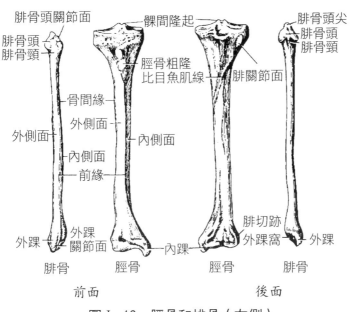

腓骨頭關節面　髁間隆起　腓骨頭尖
腓骨頭　　　　　　　　　　　腓骨頭
腓骨頸　　　　　　　　　　　腓骨頸
　　　　　　　脛骨粗隆
　　　　　　　比目魚肌線　腓關節面
　　　骨間緣
　　　外側面
外側面　　　　　　內側面
　　　內側面
　　　前緣
　　　　　　　　　　　　腓切跡
外踝　　外踝　　　　　外踝窩　外踝
　　　關節面　　內踝

腓骨　　脛骨　　脛骨　　腓骨
前面　　　　　　後面

圖 I-19　脛骨和排骨（右側）

十八、髖骨概況

髖骨左右各一，
構成骨盆側壁；
恥髂坐三結合，
表面沒有縫隙。①

扇形髂骨在上，
恥骨坐骨在底；
前有恥骨聯合，
後有坐骨切跡；
還有許多突起，②
都要一一牢記。

恥坐圍成閉孔，
孔邊名稱各異；③
三者匯聚髖臼，
繪成賓士標記；④
十六前後閉合，
讀片可要注意。⑤

〔注釋〕

①表面沒有縫隙——髖骨由髂骨、坐骨和恥骨三者合成，表面沒有明顯的界線和縫隙。

②還有許多突起——髖骨周邊有許多突起，如髂前上棘、髂前下棘、髂後上棘、髂後下棘、坐骨棘和坐骨結節等等都要牢記。

③孔邊名稱各異——閉孔由前上方的恥骨上支和前下方的恥骨下支構成前半部，由後方的坐骨支和上方的髖臼下緣構成後部和上部。

④繪成賓士標記——恥骨、坐骨和髂骨在髖臼的結合部位形成一個「人」樣界線，形似「賓士」汽車的標識。16

歲後骨性融合，「標識」消失。

⑤讀片可要注意——不要把恥、坐、髂三者在髖臼的結合部誤認為是骨折。

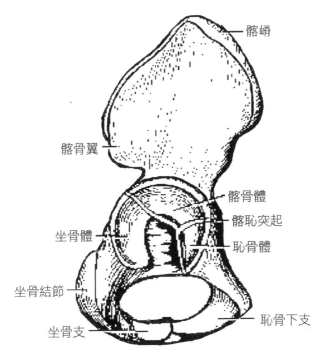

圖Ⅰ-20　髖骨

十九、骨盆的性別差異

男女骨盆不相同，
首先看看恥骨弓。
女性大約一百度，

男性最大七十五。

女性骨盆寬而短，
骶岬突出不明顯。
下口寬敞上口圓，
便於妊娠和分娩。

男性骨盆正相反，
髂翼垂直下口扁。
骶骨長且曲度大，
骶岬突出很明顯。

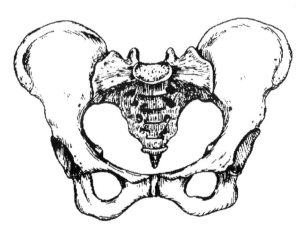

恥骨弓 90°～100°

圖Ⅰ-21　女性骨盆

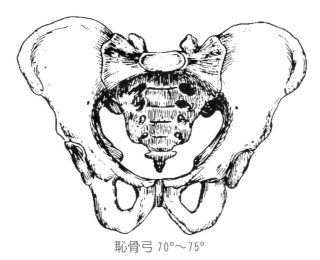

恥骨弓 70°～75°

圖 I-22　男性骨盆

二十、足附骨

　足的附骨有七塊，
　分為前中後三排。
　三塊楔骨在前沿，
　骰骨也在第一線。
　舟骨中排靠內側，
　跟距位於最後邊。

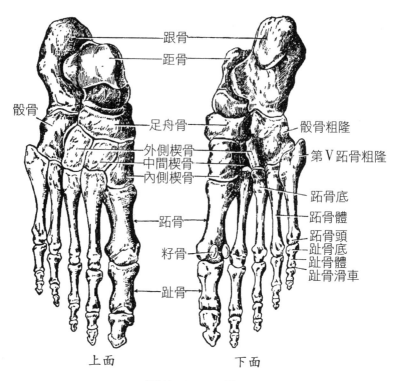

圖 I -23　足骨

二十一、斜方肌

背部上方和頸項，

兩側淺層是斜方。①

肌束覆蓋範圍廣，

起點像個「文明杖」。②

枕外隆突上項線，

項韌帶是「柄」起點，

「杖杆」全胸棘突連。③

止於肩峰肩胛岡，

鎖外三分之一上。④

〔注釋〕

①背部上方和頸項，兩側淺層是斜方——上背和頸項兩側淺層是斜方肌。

②起點像個「文明仗」——斜方肌起點畫一連線，肌束

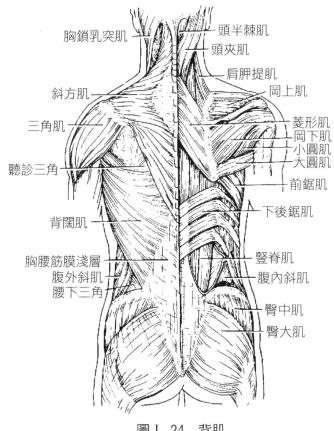

胸鎖乳突肌

頭半棘肌

頭夾肌

肩胛提肌

斜方肌

岡上肌

三角肌

菱形肌

岡下肌

小圓肌

大圓肌

聽診三角

前鋸肌

下後鋸肌

背闊肌

豎脊肌

胸腰筋膜淺層

腹內斜肌

腹外斜肌

腰下三角

臀中肌

臀大肌

圖Ⅰ-24　背肌

像一根「文明杖」。杖的「柄」起自枕外隆突、上項線和項韌帶。

③「杖杆」全胸棘突連——「杖杆」起自於第 1～12 胸椎棘突。

④鎖外三分之一上——斜方肌的一部分止於鎖骨外1/3。

二十二、菱形肌

　　菱形肌在第二層，①
　　兩側連成人字形。
　　起自頸六至胸四，②
　　肩胛骨之內緣止。
〔注釋〕
①菱形肌在第二層——背上部第一層肌是斜方肌，菱形肌位於斜方肌之深面。

②起自頸六至胸四——斜方肌起自第六頸椎至第 4 胸椎棘突。

二十三、背闊肌

　　胸椎棘突下六位，
　　腰椎棘突骶中嵴，
　　背闊肌的發源地。①
　　止於結節間溝底。②
　　蛙式游泳出大力。③

〔注釋〕

①背闊肌的發源地——背闊肌起自下 6 位胸椎棘突、全部腰椎棘突、骶正中嵴和髂嵴後部。

②止於結節間溝底——背闊肌止於肱骨大結節和小結節之間的結節間溝底。

③蛙式游泳出大力——背闊肌為全身最大的扁肌，起點廣，止點窄，力集中。功能是內收、內旋、後伸臂。蛙式游泳時，背闊肌的功能最為突出。

二十四、肩胛提肌

斜方深面項兩側，
對稱分佈肩胛提。
止於肩胛內側角，
上四頸椎橫突起。①

〔注釋〕

①上四頸椎橫突起——肩胛提肌起自上位 4 個頸椎橫突。

二十五、豎脊肌

豎脊肌、伸脊柱，
起自骶髂背後部。①
向上沿途分肌齒，
椎肋顳骨乳突止。②

〔注釋〕

①起自骶髂背後部——豎脊肌起自骶骨背面和髂嵴後部。

②椎肋顳骨乳突止——豎脊肌以肌齒逐節止於椎骨、肋骨，向上到達顳骨乳突。

二十六、頸　肌

　　頸肌大致分三層，
　　淺深舌骨上下群。①
　　胸鎖乳突頸闊淺。②
　　前中後斜頭頸深。③
　　舌骨肌群居中部，④
　　下頜莖突頦二腹。⑤
　　胸骨舌骨胸骨甲，⑥
　　肩舌甲舌莫搞岔。

〔注釋〕

①淺深舌骨上下群——頸肌分為淺層、中層（舌骨上、下群）和深層3組。

②胸鎖乳突頸闊淺——胸鎖乳突肌和頸闊肌在淺層。

③前中後斜頭頸深——前斜角肌、中斜角肌、後斜角肌、頭長肌、頸長肌位於深層。

④舌骨肌群居中部——舌骨上、下群肌位於中層。舌骨上肌群位於舌骨與下頜骨和顱底之間。舌骨下肌群位於頸前

部、舌骨下方正中線兩旁。

⑤下頜莖突頦二腹——舌骨上肌群有下頜舌骨肌、莖突舌骨肌、頦舌骨肌和二腹肌。

⑥胸骨舌骨胸骨甲，肩舌甲舌莫搞岔——胸骨舌骨肌，胸骨甲狀肌，肩胛舌骨肌和甲狀舌骨肌，名稱難記，注意不要搞混。

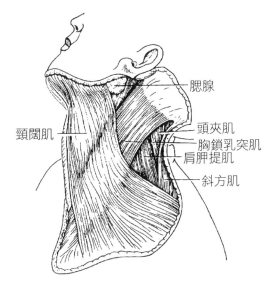

圖 I-25　頸闊肌（側面）

二十七、胸大肌

胸大肌像一把扇，
起自鎖骨內側半。
上六肋軟胸骨前，①
肌束扭轉終成腱。

大結節嵴是止點，②
肌力強大功能多。
內收內旋和屈肩，
上肢固定提軀幹。

〔注釋〕

①上六肋軟胸骨前——胸大肌起自鎖骨內側半和上六位
肋軟骨和胸骨。

②大結節嵴是止點——胸大肌止於肱骨大結節嵴。

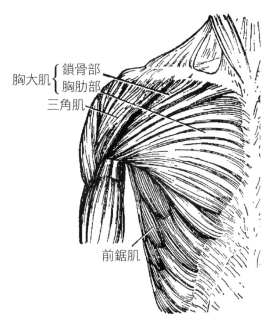

胸大肌 { 鎖骨部
胸肋部
三角肌
前鋸肌

圖 I -26　胸大肌

二十八、胸小肌

胸小肌是三角形，
位於胸大肌深層。
起自肋骨三四五，①
止於肩胛骨喙突。

〔注釋〕
①起自肋骨三四五——胸小肌起自第 3～5 肋外側面和
上方。

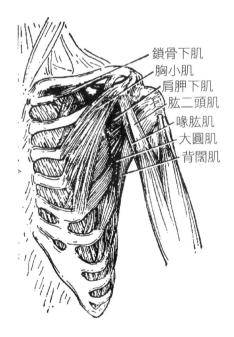

鎖骨下肌
胸小肌
肩胛下肌
肱二頭肌
喙肱肌
大圓肌
背闊肌

圖 I -27　胸小肌

二十九、前鋸肌

前鋸肌在胸側壁，
起自肋骨上九位。
肌束斜向後上內，
肩胛內緣下角訖。①

〔注釋〕

①肩胛內緣下角訖——前鋸肌止於肩胛骨內側緣和下角。「訖」是終止，截止之義。

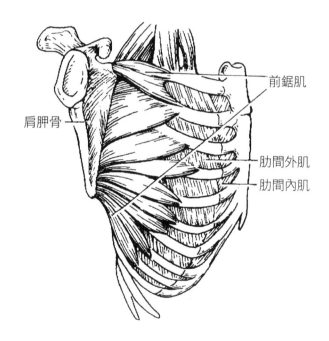

圖Ⅰ-28　前鋸肌

三十、膈

膈肌周邊有高低，
正前方從劍突起。
肋部起自下六內，①
膈腳二至三腰椎。

肌束集向中心腱，
動脈裂孔在腳間。②
食管裂孔在左前，③
靜脈裂孔中心腱。

胸骨腰與肋之間，④
解剖上的薄弱點。
沒有肌束是空隙，
外傷易致橫膈疝。

〔注釋〕

①肋部起自下六內——肋部起自下位6對肋骨、肋軟骨
的內面。

②動脈裂孔在腳間——動脈裂孔在兩個膈腳與脊柱之
間。

③食管裂孔在左前——食管裂孔在主動脈裂孔左前方。

④胸骨腰與肋之間——在膈的起始處，胸骨部與肋部之
間以及肋部與腰部之間，往往留有三角形小空隙，成為膈的

薄弱區，外傷或其他誘因易導致腹部臟器經上述空隙突入胸腔，形成膈疝。

三十一、腹外斜肌

腹外斜肌面積廣，
位於腹壁外前方。
起自肋骨下八位，
止於腹壁正中央。
構成腹直肌前鞘，
後部止於髂嵴上。

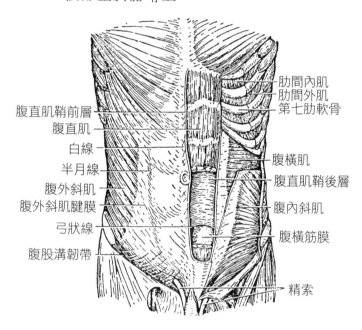

圖Ⅰ-29　腹前壁肌

下緣腱膜厚曲捲，
髂前上棘恥骨連。
部分止於恥骨梳，
腹股（溝）韌帶是邊緣。①

〔注釋〕

①腹股（溝）韌帶是邊緣——腹外斜肌腱膜下緣捲曲增厚，連於恥骨與髂前上棘之間的部分稱為腹股溝韌帶，止於恥骨梳的一小部分為陷窩韌帶。

三十二、腹內斜肌

胸腰筋膜髂嵴緣，
腹股（溝）韌帶外側半，
腹內斜肌起始點。
肌束向前成腱膜，
終於正中腹白線。
部分連於下三肋，
下方參與聯合腱。
少量肌束成網兜，①
包繞精索提睪丸。

〔注釋〕

①少量肌束成網兜——少量的腹內斜肌肌束構成網兜狀，即提睪肌。

三十三、腹橫肌

下六肋軟骨內面，
胸腰筋膜髂嵴緣，
腹股（溝）韌帶外側半，
腹橫肌的起始點。
參與構成腹直鞘，①
止於正中腹白線。
下緣參與提睪肌，
部分加入聯合腱。

〔注釋〕

①參與構成腹直鞘——參與構成腹直肌鞘的後層。

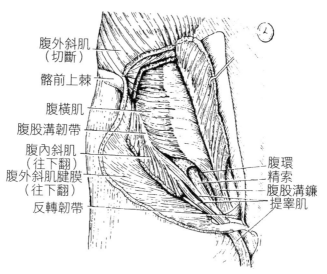

圖Ⅰ-30　腹前壁下部肌

三十四、腹直肌

腹直肌呈條帶狀，
立於腹白線兩旁。
肌束外面包有鞘，
橫行腱劃三四行（háng）。
起點位於腹下極，
恥骨聯合恥骨嵴。
止點附於胸前壁，
劍突肋軟五至七。①

〔注釋〕

①劍突肋軟五至七——腹直肌止於胸骨劍突和第 5～7
肋軟骨。

三十五、上肢帶肌①

（一）三角肌

（謎語一）

起自鎖骨外側半，
肩峰肩胛岡上前。
肌束包裹肩三面，①
肱骨粗隆是止點。②

〔注釋〕

①上肢帶肌——上肢帶肌包括三角肌、岡上肌、岡下
肌、小圓肌、大圓肌和肩胛下肌共 6 塊，除肩胛下肌外，其

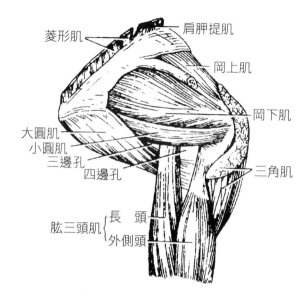

菱形肌　　　　　　　肩胛提肌

岡上肌

岡下肌

大圓肌
小圓肌
三邊孔
四邊孔　　　　　　　　　三角肌

　　　　　長　頭
肱三頭肌{
　　　　　外側頭

圖 I -31　上肢帶肌（後面）

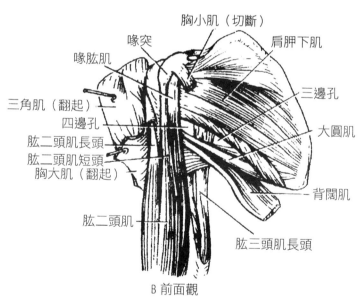

胸小肌（切斷）

喙突

喙肱肌　　　　　　　　肩胛下肌

三角肌（翻起）　　　　　　　三邊孔

四邊孔
肱二頭肌長頭
肱二頭肌短頭　　　　　　　　大圓肌
胸大肌（翻起）

背闊肌

肱二頭肌

肱三頭肌長頭

B 前面觀

圖 I -32　上肢帶肌（前面）

餘 5 塊肌的歌訣編成一種謎語形式。

②肌束包裹肩三面——三角肌肌束從前、外、後三面包裹肩關節。

③肱骨粗隆是止點——三角肌止於肱骨中段外側的三角肌粗隆。

（二）岡上肌和岡下肌

（謎語二）

起自岡上岡下窩，

跨越肩關節上後。

止於大結節上中，①

上展下旋不同功。②

〔注釋〕

①止於大結節上中——岡上肌止於大結節上部，岡下肌止於大結節中部。

②上展下旋不同功——岡上肌使肩關節外展，岡下肌使肩關節外旋。其功能不同。

（三）小圓肌

（謎語三）

起自肩胛骨外緣，

止於大結節下面。

位於岡下肌下方，

收臂降肩肩外旋。

（四）大圓肌

（謎語四）

位於小圓肌下緣，
起自肩下角背面。
肌束橫向外上方，
與背闊肌同止點。

（五）肩胛下肌

肩胛下肌闊而扁，
肩胛下窩是起點。
止腱繞經關節前，
肱骨小結節止點。

三十六、肱二頭肌

肱二頭肌在臂前，
長頭盂上結節起，
短頭肩胛喙突連。
橈骨粗隆是止點，
屈肘更能旋前臂，①
緊固螺母肌腹顯。②

〔注釋〕

①屈肘更能旋前臂——肘關節屈曲位時，肱二頭肌能使
前臂旋轉幅度增大。

②緊固螺母肌腹顯——作撐旋螺母動作時，肱二頭肌肌腹明顯隆起。

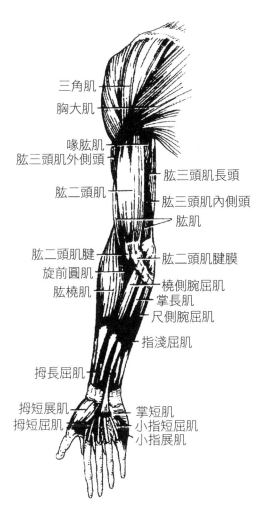

圖 I -33　上肢淺層肌（前面）

三十七、肱三頭肌

肱三頭肌三起點：①
盂下結節肱骨幹，
橈神經溝上下面，
止於尺骨鷹嘴突，
既能伸肘又伸肩。

〔注釋〕

①肱三頭肌三起點——肱三頭肌起端有三個頭，長頭起自肩胛骨的盂下結節，外側頭起自肱骨後面橈神經溝外上方的骨面；內側頭起自橈神經溝以下的骨面。

三十八、前臂前群肌

肱橈旋前橈屈腕，
掌長尺側腕屈完。①
屈指淺深屈拇長，②
第四層是旋前方。

〔注釋〕

①肱橈旋前橈屈腕，掌長尺側腕屈完——肱橈肌，旋前圓肌，橈側腕屈肌，掌長肌和尺側腕屈肌共 5 塊，是前臂前群肌的第 1 層。

②屈指淺深屈拇長——指淺屈肌為第 2 層。指深層肌和拇長屈肌為第 3 層。

三十九、前臂後群肌

淺層從外向內算：
前臂伸肌兩對半。①
橈側伸腕長和短，②
指伸肌在正中間，
小指伸肌排第四，
尺側腕伸靠邊站。
五肌源於一總腱，
肱骨外上髁起點。

深層還有肌五塊：
旋後肌束向下外，
伸拇長短拇長展，
還有示指伸肌腱。
起自尺橈骨後面，
骨間膜上有一半。③

〔注釋〕

①前臂伸肌兩對半——前臂伸肌淺層共有 5 塊。此處用兩對半為了押韻。

②橈側伸腕長和短——橈側腕長伸肌和橈側腕短伸肌。

③骨間膜上有一半——除旋後肌外，其餘 4 塊肌起自尺、橈骨後面以及骨間膜。

四十、手　肌

拇短展和拇短屈，①
拇指對掌拇收肌，
四塊小肌分兩層，
共同組成大魚際。
小指對掌展短屈，②
三塊組成小魚際。

掌側四塊蚓狀肌，
指深屈肌橈側起。
能使指間關節伸，
協助掌指關節屈。
二至五指各一塊，
終端指背腱膜系。

骨間掌側肌三塊，
二掌骨內四五外。③
止於近節指骨底，
指背腱膜正中系。
二四五指向中靠，
伸指間和掌指屈。

四塊骨間背側肌，
二三四五骨間起。

止於近節指骨底，
指背腱膜正中系，
伸指間和掌指屈。
二至五指中線離。④

〔注釋〕
①拇短展和拇短屈——拇短展肌和拇短屈肌。
②小指對掌展短屈——小指對掌肌、小指展肌和小指短
屈肌。

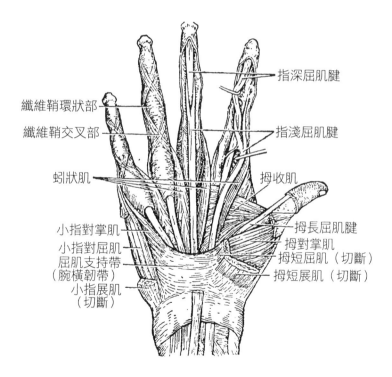

圖Ⅰ-34　手肌（前面）

③二掌骨內四五外——3塊骨間掌側肌分別起自第2掌骨內側和第4、5掌骨外側。

④二至五指中線離——骨間背側肌能使2至5指分開。小指外展是小指展肌的作用。

四十一、四邊孔

四邊孔是長方形，
肌肉縱橫交叉成。
肱三頭肌長外縱，①
大小圓肌上下橫。②
重要管線孔中過，③
旋肱後 A 腋神經。

〔注釋〕

①肱三頭肌長外縱——四邊孔由大、小圓肌和肱三頭肌的長頭、外側頭構成。肱三頭肌的長頭和外側頭是兩條縱形的邊（圖Ⅰ-30）。

②大小圓肌上下橫——大圓肌和小圓肌分別構成四邊孔的上、下兩條橫邊。

③重要管線孔中過，旋肱後 A 腋神經——旋肱後動脈和腋神經從四邊孔中通過。

四十二、三邊孔

三邊孔是三角形，

與四邊孔是毗鄰。①
肱三頭肌長頭隔，②
旋肩胛 A 孔中行。③

〔注釋〕

①與四邊孔是毗鄰──三邊孔與四邊孔是毗鄰。

②肱三頭肌長頭隔──肱三頭肌長頭是四邊孔與三邊孔之間的一道隔牆，也是三邊孔的一條直邊（圖 I-30）。

③旋肩胛 A 孔中行──旋肩胛動脈從三邊孔中通過。「A」代表動脈。

四十三、髂 腰 肌

腰大肌的起點廣，
腰椎橫突椎兩旁。
髂肌起源於髂窩，
髂腰合成一股走。①
止於股骨小轉子，
腰大肌有鞘包裹。

〔注釋〕

①髂腰合成一股走──腰大肌與髂肌在行程中合成一股。

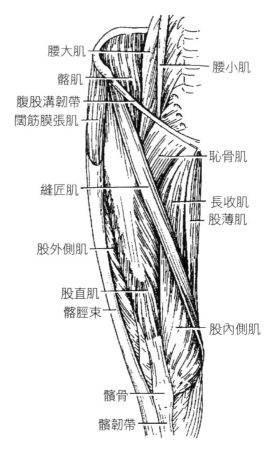

腰大肌
髂肌
腹股溝韌帶
闊筋膜張肌
縫匠肌
股外側肌
股直肌
髂脛束
髕骨
髕韌帶

腰小肌
恥骨肌
長收肌
股薄肌
股內側肌

圖 I -35　髂肌和大腿肌前群

四十四、闊筋膜張肌

大腿上部前外區，
淺層闊筋膜張肌。
髂前上棘是起點，
居闊筋膜兩層間。

向下移行髂脛束，
脛骨外側髁上附。①

〔注釋〕

①脛骨外側髁上附——闊筋膜張肌移行於髂脛束止於
脛骨外側髁。

四十五、臀大肌

臀大肌是一大塊，
起自骶背髂翼外。①
股骨臀肌粗隆附，
部分止於髂脛束。

〔注釋〕

①起自骶背髂翼外——臀大肌起自骶骨背面和髂骨翼外
側。

四十六、縫匠肌

縫匠肌是扁帶狀，
全身肌中它最長。
髂前上棘是起點，
止於脛骨內上端。

四十七、股四頭肌

四頭肌在大腿前，
直頭髂前下棘連。
股內股外股中間，①
起自股骨幹上段。
四塊併成一個腱，
包裹髕骨內外前。②
向下延伸為韌帶，
脛骨粗隆是止點。

〔注釋〕
①股內股外股中間——股內側肌、股外側肌和股中間
肌。這三塊肌起自股骨幹上段。

②包裹髕骨內外前——股四頭肌腱包繞髕骨前面和兩
側。

四十八、大腿肌內側群

內側肌群有五塊，
大腿內側分層排。
長短大收股薄恥，①
起自恥骨坐骨支。
股骨粗線是止點，
大收肌腱向下延，
抵達股骨內髁上，

收肌結節是止點，②

脛骨上端內側面，

股薄肌的附著點。

〔注釋〕

①長短大收股薄恥——長收肌、短收肌、大收肌、股薄肌和恥骨肌。

②收肌結節是止點——內收大肌止於股骨內上髁上方的收肌結節。

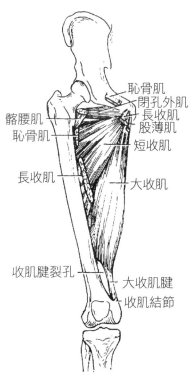

圖Ⅰ-36　大腿肌內側群（深層）

四十九、大腿肌後群

坐骨結節股骨線，①
膕繩肌的起始點。
內側半膜和半腱，
止於脛骨內上端。
股二頭肌偏向外，
腓骨頭是附著點。

〔注釋〕

①坐骨結節股
骨線 —— 股二頭
肌、半腱肌和半膜
肌合稱為膕繩肌，
起自坐骨結節和股
骨粗線。

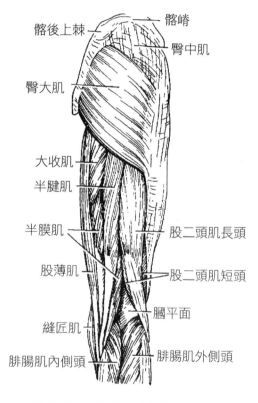

髂後上棘
髂嵴
臀中肌
臀大肌
大收肌
半腱肌
半膜肌
股薄肌
縫匠肌
腓腸肌內側頭
股二頭肌長頭
股二頭肌短頭
膕平面
腓腸肌外側頭

圖Ⅰ-37 臀肌和大腿肌後群

五十、脛骨前肌

脛前肌在小腿前，
起自脛骨幹外面。
上段覆蓋趾長伸，
下端斜向足內緣。
止於第一楔跖底，①
司足背屈兼內翻。

〔注釋〕

①止於第一楔跖底——脛骨前肌止於第一楔狀骨和第一蹠骨底面。

五十一、腓骨長肌和腓骨短肌

腓骨肌有長和短，①
同起腓骨外側面。
足跟外側分兩路，
長頭止點同脛前。②
短頭到達足外緣，
第五跖骨粗隆連。③

〔注釋〕

①腓骨肌有長和短——腓骨長肌和腓骨短肌。

②長頭止點同脛前——腓骨長肌與脛骨前肌同一止點。

③第五跖骨粗隆連——腓骨短肌止於第 5 跖骨粗隆。

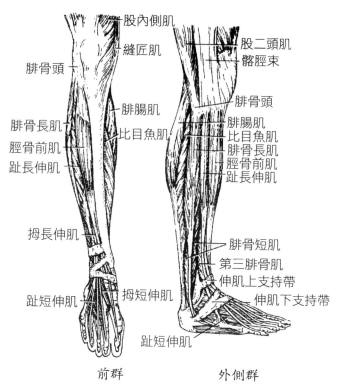

圖 I-38　小腿肌前群和外側群

五十二、小腿肌後群

小腿後群分兩層，
層次界限頗分明。
腓腸比目位淺表，
趾拇長屈脛後深。①

〔注釋〕

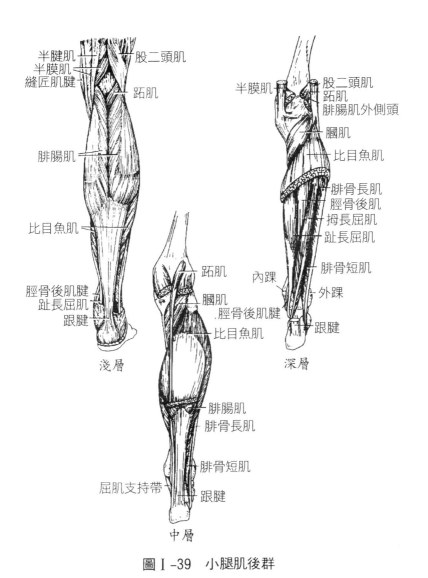

半腱肌
半膜肌
縫匠肌腱
股二頭肌
蹠肌

腓腸肌

比目魚肌

脛骨後肌腱
趾長屈肌
跟腱

淺層

半膜肌
股二頭肌
蹠肌
腓腸肌外側頭
膕肌
比目魚肌
腓骨長肌
脛骨後肌
拇長屈肌
趾長屈肌
腓骨短肌
內踝
外踝
跟腱

深層

蹠肌
膕肌
脛骨後肌腱
比目魚肌

腓腸肌
腓骨長肌

腓骨短肌
屈肌支持帶
跟腱

中層

圖Ⅰ-39　小腿肌後群

①趾拇長屈脛後深——趾長屈肌，拇長屈肌和脛骨後肌位於小腿三頭肌深層。

五十三、小腿三頭肌

腓腸肌有兩個頭，
起自股骨兩髁後。①
比目魚肌厚而扁，
起自腓骨後上端，
脛骨比目魚肌線。
兩肌合成一跟腱，
跟骨結節是止點。

〔注釋〕

①起自股骨兩髁後——腓腸肌的內、外側頭分別起自股骨內側髁和外側髁後面。

五十四、踝管的局部解剖

井後長蛆，①
驚動了金神的大母雞。②

〔注釋〕

①井後長蛆——「井後」，即脛骨後肌。「長蛆」，即趾長屈肌。

②驚動了金神的大母雞——「驚動」，即脛後靜脈和脛後動脈。「金神」，即脛神經。「大母雞」，即拇長屈肌。踝管的局部解剖按上述順序由前向後排列。

第二部分 內臟學

一、食 管

食管長約八九寸，
上端第六頸椎平。
分為頸胸腹三段，
下端穿膈接賁門。

三處狹窄要牢記：①
食管入口咽相續，
左支氣管跨越處，
膈肌裂孔口徑細。

〔注釋〕

①三處狹窄要牢記——食管有3處狹窄，第一狹窄部
位位於食管與咽相續處。第二狹窄部位在左支氣管跨越食管
處。第三狹窄部位位於膈肌食管裂孔處。這些狹窄部位是異
物容易滯留之處，也是腫瘤的好發部位。

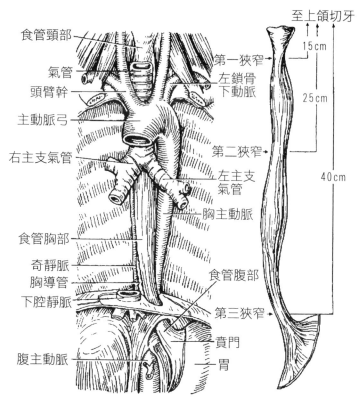

圖II-1　食管位置及三個狹窄

二、胃（概況）

胃在上腹偏左邊，
兩壁兩口和兩緣。
上口賁門接食管，
下口幽門在末端。
上方膨隆叫胃底，
大彎凸向左下前。

上緣凹曲是小彎，
角切跡在最低點。①

切跡下方是胃竇，
竇下有條中間溝，
溝下叫做幽門管，
溝上叫做幽門竇。

〔注釋〕

①角切跡在最低點——胃小彎的最低點叫角切跡。角切跡以上是胃體，角切跡以下是胃竇。

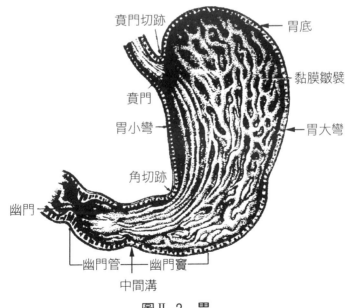

賁門切跡　　　　　　胃底
賁門
胃小彎
角切跡
幽門
黏膜皺襞
胃大彎
幽門管　　幽門竇
中間溝

圖Ⅱ-2　胃

三、十二指腸（概況）

十二指腸呈「C」形，
長約二十五公分。
包繞胰頭似盤根，①
分為冠降水平升。②

上部叫冠接幽門，
降部後壁貼右腎。
長約七至八公分，
胰膽開口中後份。③

下部第三腰椎平，④
腹主動脈前上升。
升部轉折向前續，
十二指腸空腸曲。⑤

〔注釋〕

①包繞胰頭似盤根——十二指腸包繞胰頭，像盤繞的樹根。

②分為冠降水平升——十二指腸分為上部（也稱冠部）、降部、水平部和升部。

③胰膽開口中後份——胰、膽「集合管」開口於降部中份後內側。

④下部第三腰椎平——下部也稱水平部，平對第3腰

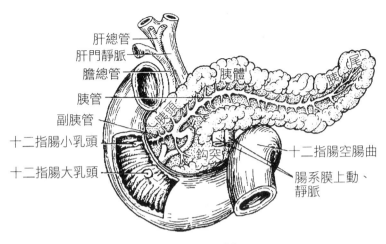

圖Ⅱ-3　十二指腸和胰

椎。

　　⑤升部轉折向前續，十二指腸空腸曲——十二指腸升部從腹主動脈前方斜向左上至第二腰椎左側再向前下轉折，續於空腸，轉折處形成的彎曲稱為十二指腸空腸曲。

四、空腸與回腸的鑒別要點

　　　空腸徑粗管壁厚，①
　　　黏膜環狀皺襞多。
　　　佔據腹腔左上方，
　　　系膜薄得像明窗。

　　　血管都是一級弓，②
　　　直支動脈都較長。③
　　　屈氏韌帶是標記，④
　　　有關手術要注意。⑤

〔注釋〕

①空腸徑粗管壁厚——與回腸相比較，空腸口徑大，回腸口徑小。空腸管壁厚，回腸管壁則較薄。

②血管都是一級弓——空腸近側段腸系膜上的血管弓

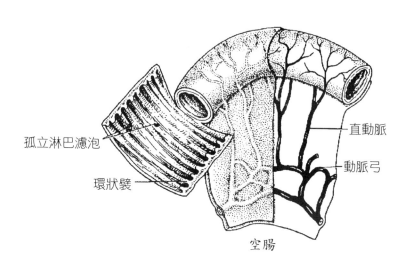

孤立淋巴濾泡

環狀襞

直動脈

動脈弓

空腸

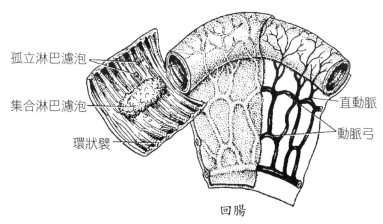

孤立淋巴濾泡

集合淋巴濾泡

環狀襞

直動脈

動脈弓

回腸

圖Ⅱ-4　空腸與回腸的比較

都是一級弓，愈向回腸末端血管弓數目愈多。

③直支動脈都較長——空腸系膜血管弓上發出的支直且長。

④屈氏韌帶是標記——屈氏韌帶即十二指腸懸韌帶。新名詞叫「特賴茨」韌帶。術中找空腸時先找到該韌帶，韌帶以下即為空腸。

⑤有關手術要注意——在施行胃與空腸，食管與空腸或膽管與空腸吻合術時，熟悉空腸與回腸的解剖特徵才能保證手術不會發生失誤，如果弄錯，後果嚴重。

五、結　腸

結腸起自右髂窩，
長度足有一米多。①
自然分成四部分，②
包圍小腸近一周。③

升結腸居腹右首，
橫結腸從胃下走。
降結腸在脾下方，
乙狀結腸是盡頭。

〔注釋〕

①長度足有一米多——大腸全長 1.5 米（公尺），減去直腸的長度，結腸長約 1.35 米。

②自然分成四部分——結腸分為升結腸、橫結腸、降結腸、乙狀結腸四部分。升結腸與橫結腸之間的自然分界標誌是結腸右曲（肝曲）。橫結腸與降結腸之間的分界標誌是結腸左曲（脾曲）。降結腸與乙狀結腸之間的分界標誌是右髂嵴。乙狀結腸的結腸帶變寬。

③包圍小腸近一周——結腸在腹腔形成一個方盤，圍繞小腸將近一周。

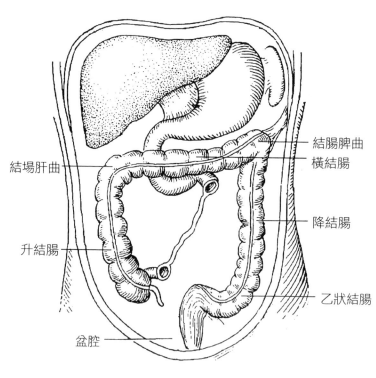

圖Ⅱ-5　結腸

六、直腸（概況）

直腸位於盆腔裏，
長約十五六厘米（公分）。
盆隔以下稱肛管，
解剖複雜名稱繁。
縱形肛柱和肛瓣，
兒童時期尤明顯。
肛竇底部有肛腺，
常積糞便易感染。

齒狀線下是肛梳，
平坦光滑色微藍。
內外兩種括約肌，
共同構成肛門環。

外括約肌分三層：
深層淺層皮下層。
手術當中要分清，①
以免造成肛失禁。

〔注釋〕

①手術當中要分清——外括約肌的皮下部不附於骨，術中切斷對肛門括約功能無影響，而淺部、深部括約肌在術中切斷要十分謹慎，以防發生肛門失禁。

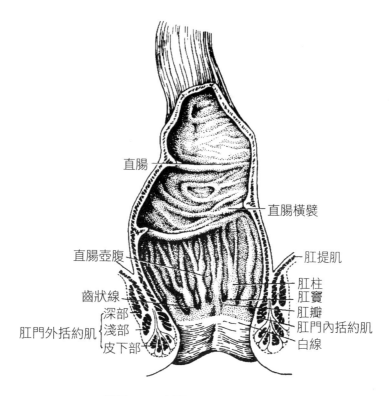

圖 II-6 直腸和肛管腔面的形態

直腸

直腸橫襞

直腸壺腹

肛提肌

齒狀線

肛柱
肛竇
肛瓣

肛門外括約肌

深部
淺部
皮下部

肛門內括約肌
白線

七、肝（概況）

活體肝臟棕紅色，

重約一千四百克。

膈面隆凸臟面凹，

周邊韌帶有數條。

鐮狀韌帶分左右，①

右葉體積大得多。
前有圓韌帶固定，
裸區連於橫膈頂。

三角韌帶左右撐，
縱橫溝間是肝門。②
進出肝門管道多，
肝管門脈肝固有。③

第二肝門血管密，④
地處下腔靜脈溝。
右縱溝是淺凹陷，
前部形成膽囊窩。

〔注釋〕

①鐮狀韌帶分左右——鐮狀韌帶將肝分成左、右兩葉。

②縱橫溝間是肝門——連接左、右縱溝之間的橫溝是肝門。

③肝管門脈肝固有——進出肝門的結構有：左、右肝管、門靜脈、肝固有動脈、神經和淋巴管。

④第二肝門血管密——右縱溝後半部有下腔靜脈通過，故名「腔靜脈溝」，在腔靜脈溝上端有左、中、右靜脈幹注入下腔靜脈稱第二肝門。

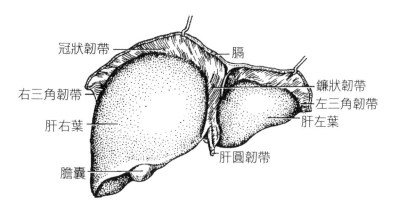

圖Ⅱ-7　肝的膈面

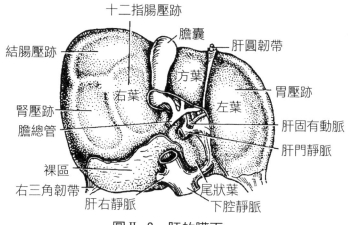

圖Ⅱ-8　肝的臟面

八、胰（概況）

胰腺形似長棱柱，
橫在腹腔後上部。
頭被十二指腸蓋，
頭下隆起叫鉤突。

胰體第一腰椎平，
尾部圓鈍到脾門。
胰管自左向右行，
終與膽總管合併。①

〔注釋〕

①終與膽總管合併——胰管終端加入膽總管，開口於
十二指腸大乳頭。

九、氣管與支氣管（概況）

氣管長約十公分，
「C」形軟骨十五根。①
頸段表淺接聲門，
胸段上縱隔內行。
分杈平對胸骨角，
杈腔隆嵴是特徵。②

左支氣管五厘米，
右支約短兩厘米。
入肺角度有差異，
異物容易向右進。③

〔注釋〕

①「C」形軟骨十五根——氣管軟骨為 14～16 根，平
均 15 根。

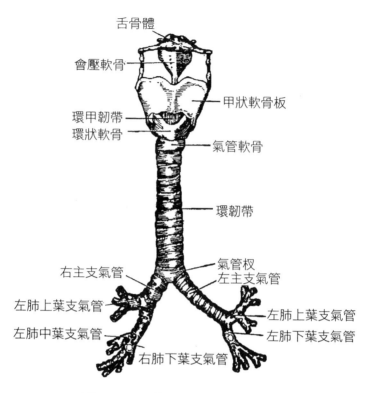

舌骨體

會壓軟骨

甲狀軟骨板

環甲韌帶
環狀軟骨

氣管軟骨

環韌帶

右主支氣管

氣管杈
左主支氣管

左肺上葉支氣管

左肺上葉支氣管

左肺中葉支氣管

左肺下葉支氣管

右肺下葉支氣管

圖Ⅱ-9　氣管及支氣管（前面觀）

②杈腔隆嵴是特徵——氣管杈內面有一個向上凸出的半月形隆嵴，是臨床上作氣管鏡檢查的重要標誌。

③異物容易向右進——右主支氣管是氣管的直接延續，短而粗，走向陡直，故異物容易進入右支氣管中。

十、肺（概況）

肺臟位於胸膜腔，

縱隔兩側膈以上。

左二右三共五葉，
界縫叫做葉間裂。①

肺尖上部到頸根，
肺底貼近橫膈頂。
（支）氣管血管和神經，
進出部位稱肺門，
結締組織包繞之，
連於縱隔叫肺根。

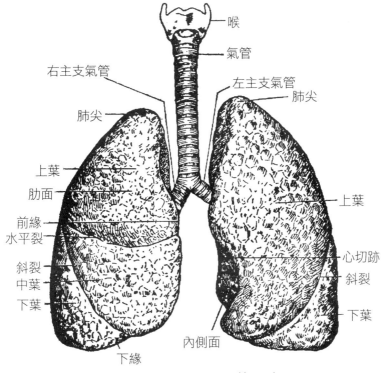

圖 II-10　氣管、支氣管和肺

①界縫叫做葉間裂——肺葉之間的裂隙叫葉間裂。

十一、縱　隔

　　前從胸骨角平面，
　　後到四五胸椎間，
　　人為假想一平面，
　　上下縱隔分界線。
　　上縱隔內結構繁：
　　氣管食管胸導管。
　　主動脈弓三大支，①
　　頭臂上腔和胸腺。②
　　迷走神經左右支，
　　膈神經和左喉返。

　　再以心包為界線，
　　下縱隔分後中前。
　　前縱隔有淋巴結，
　　心臟本身在中間。③

　　後縱隔有奇靜脈，
　　主支氣管胸導管。
　　胸主動脈和食道，
　　還有淋巴結若干。

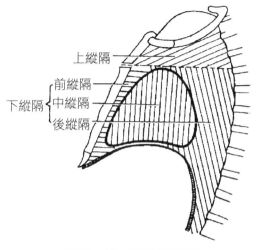

圖Ⅱ-11　縱隔的區分

上縱隔

前縱隔
中縱隔　下縱隔
後縱隔

〔注釋〕

①主動脈弓三大支——從主動脈弓上分出的三大支是：左頸總動脈，左鎖骨下動脈和無名動脈。

②頭臂上腔和胸腺——頭臂靜脈、上腔靜脈和胸腺。

③心臟本身在中間——心臟位於中縱隔。

十二、腎（概況）

腎居腹腔後上方，
脊柱胸腰段兩旁。
長約十一二厘米，
平均重量約三兩。

左腎略比右腎高。
下端窄厚上端薄。
外緣隆凸內緣凹，
腎外包有三層膜。

纖維膜在腎表面，
脂肪囊是彈性墊。
腎筋膜在囊外圍，
包繞腎和腎上腺。

淋巴血管和神經，
進出部位稱腎門。
腎內構造要記清：
皮質位於淺表層，
皮質伸入髓質處，
組織緻密叫腎柱。

髓質外觀有條紋，
皆由小管道構成。
組成腎錐十多個，
向內開口腎乳頭。
乳頭開口腎小盞，
小盞匯入腎大盞。
三個大盞成腎盂，
向下移行輸尿管。

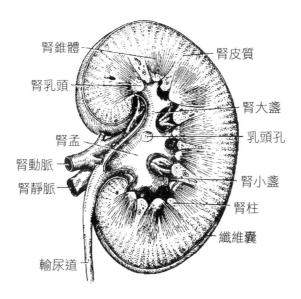

圖Ⅱ-12　右腎額狀切面（後面觀）

腎錐體　　腎皮質
腎乳頭
腎大盞
腎盂　　乳頭孔
腎動脈
腎靜脈　　腎小盞
腎柱
纖維囊
輸尿道

十三、輸尿管

輸尿管為平滑肌，
長約二十厘米餘。①
沿腰大肌向下走，
髂外髂總前經過。②
路經腹盆分三段，
腹段盆段壁內段。

全長三個狹窄部：
一為腎盂出口處，
二在進入小骨盆，
三在膀胱壁內層。

這些狹窄像關口，

結石常在此停留。

〔注釋〕

①長約二十厘米餘——成人輸尿管長度為 20～30 公分，平均為 25 公分。

②髂外髂總前經過——右側輸尿管越過右髂外動脈起始部的前方，左側輸尿管越過左髂總動脈末端的前方。

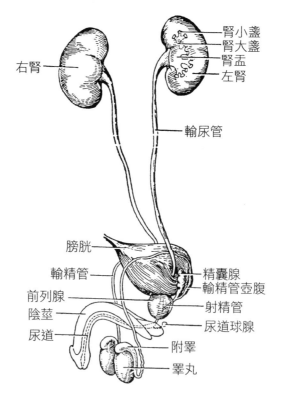

右腎

腎小盞
腎大盞
腎盂
左腎

輸尿管

膀胱

輸精管

前列腺

陰莖

尿道

精囊腺
輸精管壺腹

射精管

尿道球腺

附睾

睾丸

圖Ⅱ-13　男性泌尿生殖器模式圖

十四、膀胱（概況）

膀胱空虛三棱體，
前端是尖後為底。
頸部包有前列腺，①
輸尿管入底兩邊。

膀胱壁為逼尿肌，②
最大容量八百「C」。③
進口出口畫連線，④
膀胱三角在其間。

副交興奮逼尿緊，⑤
內括約肌敞開門。
交感興奮正相反，⑥
外括約肌隨意變。⑦

〔注釋〕

①頸部包有前列腺——男性的前列腺包在膀胱的頸部。

②膀胱壁為逼尿肌——膀胱壁肌纖膜由平滑肌纖維構成，外層和內層肌纖維多為縱行。中層為環形纖維。整個膀胱的肌層構成膀胱逼尿肌。

③最大容量八百「C」——成人膀胱最大容量可達800毫升。

④進口出口畫連線——兩側輸尿管口與尿道內口三口之間畫一連線，構成一個三角形，叫膀胱三角。膀胱三角是腫瘤和結核的好發部位。

⑤副交興奮逼尿緊——副交感神經（盆神經）興奮時，逼尿肌收縮，內括約肌鬆弛，促進排尿。

⑥交感興奮正相反——交感神經（腹下神經）興奮時逼尿肌鬆弛，內括約肌收縮，抑制排尿。

⑦外括約肌隨意變——外括約肌（受軀體神經支配）為隨意肌。

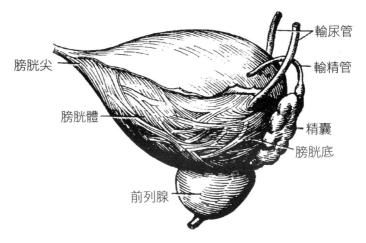

圖Ⅱ-14　膀胱側面觀（左側）

十五、尿　道

男性尿道路崎嶇，

長約十七八厘米。

全程分為三個部，
前列腺膜海綿體。①

三寬三窄兩彎曲，
內外口和膜部細。
前列腺部口徑大，
尿道球在壺腹區。②
恥骨前下兩處彎，③
舟狀窩像燒瓶底。④

女性尿道寬而短，
行程筆直且平坦。
全長不過 5 公分，
因而容易受感染。

〔注釋〕

①前列腺膜海綿體——男性尿道分為三部：即，前列腺部、膜部和海綿體部。

②尿道球在壺腹區——尿道壺腹區是尿道的三個擴大部位之一，尿道球部位於尿道壺腹區。

③恥骨前下兩處彎——男性尿道的兩個彎曲位於恥骨下和恥骨前，分別叫做恥骨下彎和恥骨前彎。

④舟狀窩像燒瓶底——男性尿道的三個擴大部之一的舟狀窩像寬大的燒瓶底部。

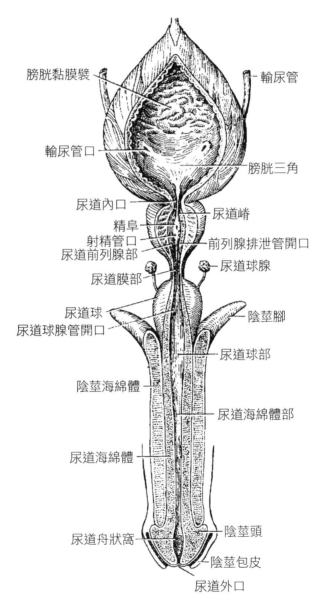

膀胱黏膜襞

輸尿管

輸尿管口

膀胱三角

尿道內口

尿道嵴

精阜

射精管口

前列腺排泄管開口

尿道前列腺部

尿道球腺

尿道膜部

尿道球

陰莖腳

尿道球腺管開口

尿道球部

陰莖海綿體

尿道海綿體部

尿道海綿體

尿道舟狀窩

陰莖頭

陰莖包皮

尿道外口

圖Ⅱ-15　膀胱和男性尿道（前面觀）

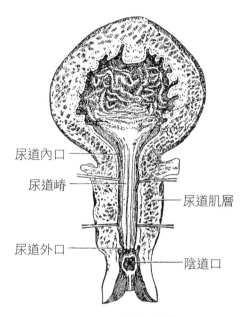

圖Ⅱ-16　女性尿道

十六、睪丸與附睪

睪丸一對橢圓體，
位於兩側陰囊裏。
外面包有纖維膜，
睪丸附睪緊相依。

白膜繞到睪後方，①
伸入實質成隔牆。
分成許多睪小葉，
精曲小管牆內藏。

曲管匯合成直管，②
進入縱隔織成網。
網上發出輸出管，
離開睪丸後上方。

附睪略呈月牙形，
輸出小管蟠曲成。
分為頭體尾三段，
尾部移行輸精管。

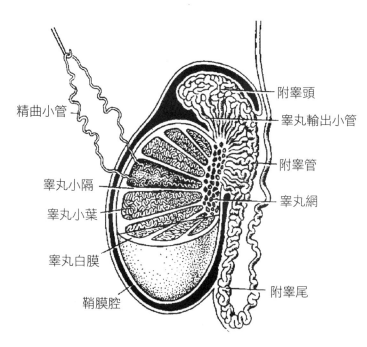

精曲小管

睪丸小隔

睪丸小葉

睪丸白膜

鞘膜腔

附睪頭

睪丸輸出小管

附睪管

睪丸網

附睪尾

圖 Ⅱ-17　睪丸和附睪的結構及排精徑路

〔注釋〕

①白膜繞到睪後方——睪丸表面的一層纖維膜叫白膜，白膜沿睪丸後緣增厚，突向睪丸內形成睪丸縱隔，縱隔再發出許多結締組織小隔將睪丸實質分成許多小葉。

②曲管匯合成直管——精曲小管互相結合，成為精直小管，進入縱隔內交織成睪丸網。

十七、子宮（概況）

成人子宮似梨狀，
巧妙倒掛在盆腔。
長約七至八厘米，
上端圓鈍叫宮底。

下端狹長叫宮頸，
頸底之間是宮體。
底兩邊是輸卵管，
宮口開在陰道裏。

固定裝置有四件：
闊韌帶在宮兩邊。
上繫卵巢輸卵管，①
外緣盆底側壁連。

神經血管淋巴管，

夾在韌帶兩層間。
圓韌帶在前兩邊，
牽引子宮向前彎。②
骶宮韌帶在頸後，
主韌帶在頸側前。③

〔注釋〕

①上系卵巢輸卵管——闊韌帶上方包裹輸卵管並移行於卵巢懸韌帶。成為輸卵管和卵巢系膜。

②牽引子宮向前彎——圓韌帶在子宮前面兩側維持子宮前傾位。

③主韌帶在頸側前——子宮主韌帶在子宮頸兩側稍偏前面。

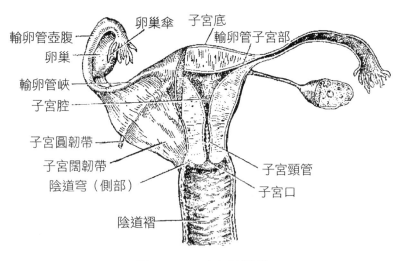

圖Ⅱ-18　子宮及附件

十八、乳　房

花季乳房半球形，①
植根胸肌筋膜層；
凸於二至六肋間，
外緣可達腋中線。

結締組織是隔牆，
腺葉都在牆內藏；

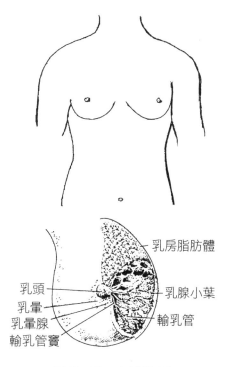

圖Ⅱ-19　女性乳房

最多可達二十葉，
膿腫切開須內行。②

〔注釋〕

①花季乳房半球形——「花季」比喻青春期未授乳的
女性。

②膿腫切開須內行——輸乳管以乳頭為中心呈放射狀
排列，乳腺膿腫切開時要作放射狀切開，以免切斷輸乳管。
此外，要用手指在切口內扣開結締組織間隔才能徹底引流。
不懂得上述兩點就不是內行。

十九、腹　膜

腹膜面積大無邊，
蓋在腹腔內表面，
包裹腔內各器官。
內位器官全包裹，
間位器官包一半，
外位器官包一面。
系膜網膜和韌帶，①
名稱根據部位變。

內位器官十多個：
胃脾十二指腸冠，②
空回橫盲乙狀闌，③
還有卵巢輸卵管。

間位升降直腸上，④

子宮膀胱膽囊肝。

除去內位和間位，

外位器官屈指算。⑤

〔注釋〕

①系膜網膜和韌帶，名稱根據部位變——腹膜從腹、

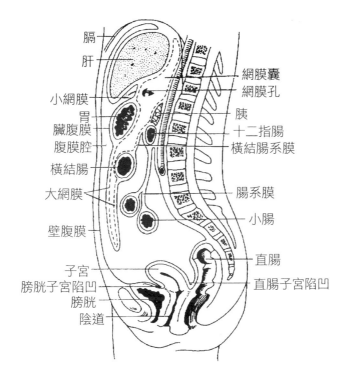

圖Ⅱ-20　腹膜腔矢狀切面示意圖（女）

盆壁移行於臟器，形成了許多腹膜結構，根據其部位的不同分別稱為某某系膜，某某韌帶，大網膜和小網膜等。

②胃脾十二指腸冠——胃、脾和十二指腸上部（十二指腸上部也稱冠部）。

③空回橫盲乙狀闌——空腸、回腸、橫結腸、盲腸、乙狀結腸和闌尾。

④間位升降直腸上——間位器官有升結腸、降結腸和直腸上段。

⑤外位器官屈指算——除去內位和間位器官外，剩下的都是外位器官，屈指可數。

二十、腹股溝管

腹股溝管在鼠蹊，①
長約四至五厘米。
位於斜疝切口線，②
四壁兩口要牢記。

上壁就是弓狀緣，③
後壁腹橫筋膜墊。④
腹外斜肌腱膜前，⑤
腹股（溝）韌帶是底邊。⑥
男性精索穿其間，
女性何物猜猜看。⑦

〔注釋〕

①腹股溝管在鼠蹊——舊書中腹股溝部稱「鼠蹊」部。

②位於斜疝切口線——斜疝手術切口從腹股溝韌帶中點上方1公分至恥骨結節。此切口線就是腹股溝管的體表投影。

③上壁就是弓狀緣——腹股溝管之上壁就是腹內斜肌與腹橫肌下緣形成的弓狀緣。

④後壁腹橫筋膜墊——腹股溝管的後壁即腹橫筋膜。

⑤腹外斜肌腱膜前——腹外斜肌腱膜為前壁。

⑥腹股（溝）韌帶是底邊——腹股溝韌帶內側半為下

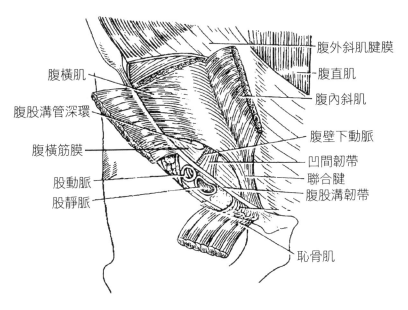

圖Ⅱ-21　腹股溝管

壁。

⑦女性何物猜猜看——此句為啟發式提問，已告知男性精索走行於腹股溝管中，女性應為子宮圓韌帶。

第三部分　脈管系

一、心的位置和外形

　　心臟位於中縱隔，
　　三分之二在左側。
　　後對五至八胸椎，
　　前對胸骨二～六肋。①

　　房室分界冠狀溝，②
　　前後室（間）溝分左右。③
　　心底連接大血管，
　　心尖朝向左下前。
　　心內注射不能偏，
　　胸骨左緣四肋間。

〔注釋〕

　　①前對胸骨二～六肋——心臟的前方面對胸骨體和2～
6肋軟骨。

　　②房室分界冠狀溝——冠狀溝是心房與心室的分界線。

　　③前後室（間）溝分左右——心臟胸肋面有自冠狀溝
向下至心尖右側的淺溝，稱為前室間溝。膈面也有從冠狀溝
向下至心尖右側的淺溝，稱為後室間溝。前、後室間溝是
左、右心室在心表面的分界線。

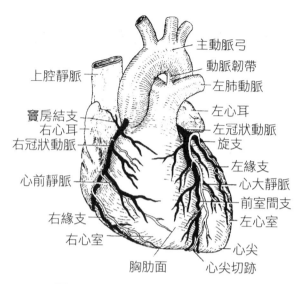

圖Ⅲ-1　心的外形和血管（前面）

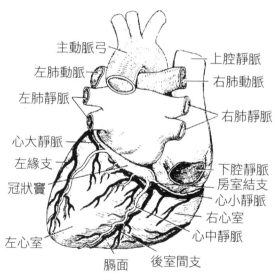

圖Ⅲ-2　心的外形和血管（後下面）

二、心的傳導系統

右房上腔交界點，①
心臟外膜之深面，
特殊心肌竇房結，
正常心跳起搏點。
通過三條結間束，
發出衝動向下傳。

房室結是第二站，
結內交感副交感。②
向下發出房室束，
左右束支心肌連。③

〔注釋〕

①右房上腔交界點——右心房與上腔靜脈交界處的心外膜深面是竇房結所在。

②結內交感副交感——房室結內有交感神經和副交感神經纖維。

③左右束支心肌連——房室束分成許多細小的支與心肌纖維相連。

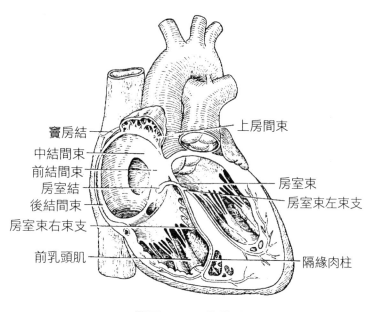

圖Ⅲ-3　心傳導系

上房間束
竇房結
中結間束
前結間束
房室結
後結間束
房室束右束支
前乳頭肌
房室束
房室束左束支
隔緣肉柱

三、冠狀動脈及其分支

冠狀動脈分左右，
起自主動脈前後。
左支起源於左竇，
肺動脈根後向左。①
主要分支有兩個：
前室間支同名溝，②
發出三組小支流。③
布於左、右室前壁，
室間隔前一半多。④

旋支行於冠狀溝，⑤
分支也有兩三個：
左緣支到左室壁，
竇房結支向上走，⑥
房室結支是盡頭。⑦

右支發源於右竇，
向右繞至冠狀溝。
主要分支有兩個，
後室間支左室後。⑧

〔注釋〕

①肺動脈根後向左——左冠狀動脈從肺動脈根後方向前通過肺動脈與左心耳之間向左行。

②前室間支同名溝——左冠狀動脈發出的前室間支位於前室間溝。

③發出三組小支流——前室間支向左、右兩側和深面發出 3 組分支、分佈於左心室前壁、右心室前壁的一小部分及室間隔前 2/3。

④室間隔前一半多——室間隔前 2/3。

⑤旋支行於冠狀溝——左冠狀動脈除發出前室間支外還發出一個旋支。旋支起始後沿冠狀溝向左行。

⑥竇房結支向上走——竇房結支向上向右經左心耳內側及左心房前面分佈於竇房結。

⑦房室結支是盡頭——房室結支是終末支。

⑧後室間支左室後──右冠狀動脈至房室交界點處分為兩支，一支是冠狀動脈本身移行為後室間支，另一支為右冠狀動脈分出的左室後支。

四、頸總動脈

　　　　頸總動脈口徑大，
　　　　喉結上緣分兩叉。①
　　　　叉口形成動脈竇，②
　　　　竇壁可以測血壓。
　　　　附近還有動脈球，③
　　　　調節呼吸和生化。

〔注釋〕

①喉結上緣分兩叉──頸總動脈平甲狀軟骨（喉結）上緣分為頸內動脈和頸外動脈。

②叉口形成動脈竇──頸內動脈起始部膨大處為頸動脈竇，竇壁上有壓力感受器，有調節血壓的作用。

③附近還有動脈球，調節呼吸和生化──頸總動脈分叉處的後方有頸動脈小球，是化學感受器，能感受血中 CO_2 濃度，當 CO_2 濃度升高時化學感受器可使呼吸加深、加快，從而起到部分調節酸鹼平衡的作用。

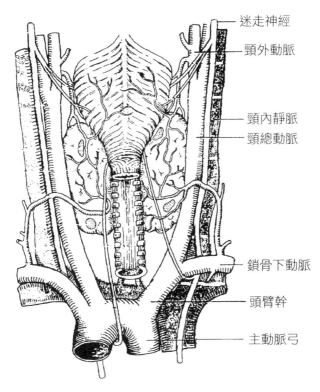

圖Ⅲ-4　頸總動脈

五、頸外動脈的分支

頸外分支有八根：

甲狀腺上耳後枕，①

舌面上頜和咽升，②

顳淺跨越顴弓根。③

〔注釋〕

①甲狀腺上耳後枕——甲狀腺上動脈、耳後動脈、枕動

脈。

　　②舌面上頜和咽升——舌動脈、面動脈、上頜動脈、咽升動脈。

　　③顳淺跨越顴弓根——顳淺動脈也是頸外動脈分支之一，它上行跨顴弓根至顳部皮下。

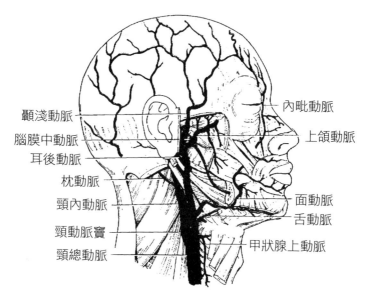

圖Ⅲ-5　頸外動脈及其分支

顳淺動脈
腦膜中動脈
耳後動脈
枕動脈
頸內動脈
頸動脈竇
頸總動脈

內眦動脈
上頜動脈
面動脈
舌動脈
甲狀腺上動脈

六、上頜動脈的分支

　　　上頜動脈行程長，
　　　分支供應範圍廣。
　　　上下頜骨牙和齦，
　　　腭頰扁桃體鼻腔。

中外耳道咀嚼肌，

腦膜中 A 不應忘。①

〔注釋〕

①腦膜中 A 不應忘——上頜動脈分出一支腦膜中動脈緊貼顱骨內面走行，顳區受外力打擊易傷及此動脈，形成硬膜外血腫。此處「A」代表動脈。

七、鎖骨下動脈的分支

甲狀頸幹胸廓內，

肋頸幹椎肩胛背。①

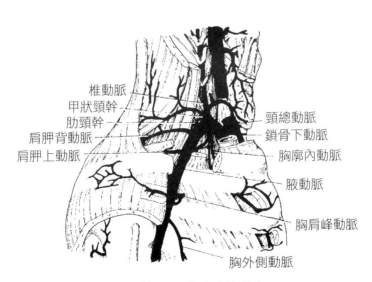

椎動脈
甲狀頸幹
肋頸幹
肩胛背動脈
肩胛上動脈

頸總動脈
鎖骨下動脈
胸廓內動脈
腋動脈
胸肩峰動脈
胸外側動脈

圖Ⅲ-6　鎖骨下動脈及其分支

〔注釋〕

①甲狀頸幹胸廓內，肋頸幹椎肩胛背——鎖骨下動脈分出：甲狀頸幹、胸廓內動脈、肋頸幹、椎動脈和肩胛背動脈。

八、腋動脈及其分支

腋動脈是一短幹，
起於第一肋外緣。①
向著腋窩深部走，
主要分支有四個：
胸肩峰和胸外側，
肩胛下和旋肱後。②

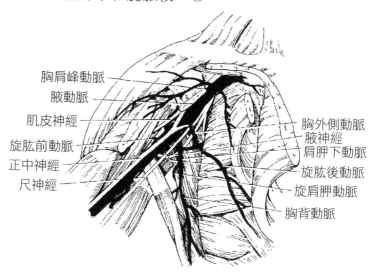

胸肩峰動脈
腋動脈
肌皮神經
旋肱前動脈
正中神經
尺神經
胸外側動脈
腋神經
肩胛下動脈
旋肱後動脈
旋肩胛動脈
胸背動脈

圖Ⅲ-7　腋動脈及其分支圖

〔注釋〕

①起於第一肋外緣——腋動脈在第 1 肋外緣續於鎖骨下動脈。

②胸肩峰和胸外側，肩胛下和旋肱後——腋動脈分出胸肩峰動脈、胸外側動脈、肩胛下動脈和旋肱後動脈。

九、肱動脈及其分支

肱動脈在臂內前，
起於大圓肌下緣。①
走在二頭肌內側，
肘窩深面分叉延。②

本幹分支有三根：
肱深伴隨橈神經，③
尺側上副中段發，
尺側下副低兩寸。④
上副跟隨尺神經，
下副肱肌內側行。

〔注釋〕

①起於大圓肌下緣——肱動脈在大圓肌下緣處續於腋動脈。

②肘窩深面分叉延——肱動脈至肘窩深部，平橈骨頸高度分為橈動脈和尺動脈。

③肱深伴隨橈神經——肱深動脈伴隨橈神經，經肱三頭肌內側頭和外側頭之間下行。

④尺側上副中段發，尺側下副低兩寸——在肱動脈起點的稍下方發出尺側上副動脈，伴隨尺神經下行。在肱骨內上髁上方，肱動脈再發出一支尺側下副動脈，尺側下副動脈比尺側上副動脈的起始點約低 2 寸。

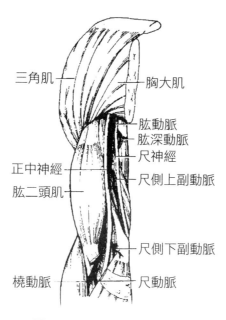

三角肌

胸大肌

肱動脈
肱深動脈
尺神經
正中神經
尺側上副動脈
肱二頭肌

尺側下副動脈
橈動脈　　　尺動脈

圖Ⅲ-8　肱動脈及其分支

十、橈動脈及其分支

橈動脈在起始點，

發先一支橈側返。①

再沿橈骨向下行，
走在肱橈肌深面。

前臂遠段位表淺，
手部潛入掌骨間。
腕部發出掌淺支，
吻合尺動脈末端。②
再發一支到拇指，③
終端與尺深支連。④

〔注釋〕

①發出一支橈側返——橈動脈從肱動脈分出後先發出一支橈側返動脈向上行。

②吻合尺動脈末端——橈動脈在腕部發出的掌淺支與尺動脈的末端吻合形成掌淺弓。

③再發一支到拇指——橈動脈出現於手掌深部時發出一支拇主要動脈。該動脈又分成 3 支分布於拇指掌面兩側緣和示指橈側緣。

④終端與尺深支連——橈動脈末端與尺動脈深支吻合形成掌深弓。

十一、尺動脈及其分支

尺動脈靠尺側行，
起點平對橈骨頸。

向下穿過旋前圓，

走在淺層肌深面。

上段分支有兩根：

骨間總和尺側返。①

遠端分支有兩根，

構成掌弓深和淺。②

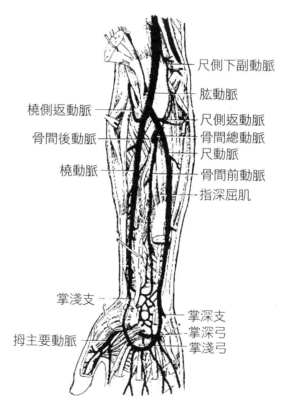

尺側下副動脈

肱動脈

橈側返動脈

尺側返動脈

骨間後動脈

骨間總動脈

尺動脈

橈動脈

骨間前動脈

指深屈肌

掌淺支

掌深支

掌深弓

拇主要動脈

掌淺弓

圖Ⅲ-9　前臂的動脈（掌側面）

〔注釋〕

①骨間總和尺側返——尺動脈上段發出一支尺側返動脈向上行走與肱動脈匯合，在尺側返動脈下方又發出一個短幹稱骨間總動脈，後者分為骨間前動脈和骨間後動脈。

②構成掌弓深和淺——尺動脈末端與橈動脈掌淺支吻合，形成掌淺弓。尺動脈在豌豆骨遠側分出掌深支與橈動脈末端吻合形成掌深弓。

十二、掌淺弓

掌淺弓平掌近紋，
掌腱膜之深面行。
發出四支指掌總，
到達指撲分兩根。①
布於相鄰兩指間，
指掌固有動脈名。②

〔注釋〕

①到達指撲分兩根——指掌總動脈在指撲處分成兩支指掌固有動脈。

②指掌固有動脈名——指掌總動脈到達指撲分成兩根，名稱叫指掌固有動脈，分別供應 2～5 指相對緣。

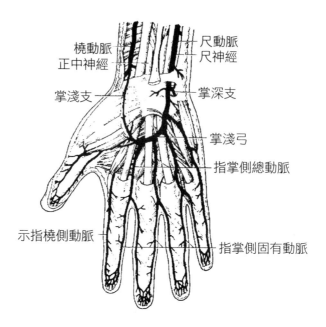

圖Ⅲ-10　手部的動脈（掌側面淺層）

十三、掌深弓

　　掌深弓平腕掌紋，①
　　屈指肌腱深面行。
　　發出三條掌心支，
　　到達指掌關節停。
　　分別注入指掌總，②
　　淺深匯合在指根。

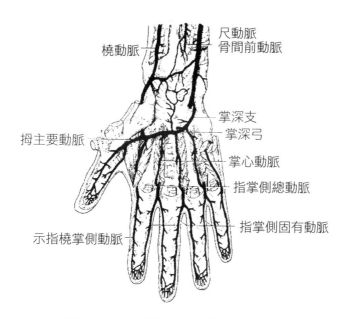

圖Ⅲ-11　手部的動脈（掌側面深層）

〔注釋〕

①深弓平腕掌紋──掌深弓平腕掌關節高度，相當於腕掌紋水平。

②分別注入指掌總，淺深匯合在指根──由掌深弓發出的 3 條掌心動脈沿 2～4 掌側骨間肌表面下行，至掌指關節附近（指根附近）分別注入指掌總動脈。

十四、胸主動脈的分支

胸主動脈分支多，

先發九對肋間後。①
三至十一肋溝走，
肋下動脈左和右。②
心包食管支氣管，
三根臟支是零頭。③

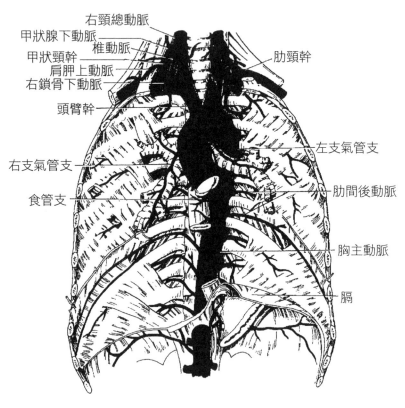

右頸總動脈
甲狀腺下動脈
甲狀頸幹
椎動脈
肩胛上動脈
右鎖骨下動脈
頭臂幹
肋頸幹
左支氣管支
右支氣管支
食管支
肋間後動脈
胸主動脈
膈

圖Ⅲ-12　胸主動脈及其分支

〔注釋〕

①先發九對肋間後——胸主動脈的壁支主要有9對肋間後動脈，分佈於第3—11肋間隙。

②肋下動脈左和右——胸主動脈還發出一對肋下動脈沿左、右第12肋下緣行走。

③三根臟支是零頭——胸主動脈發出9對肋間後動脈和1對肋下動脈，壁支共20根。臟支有支氣管動脈、食管動脈和心包支，共3根，胸主動脈主要分支是23根，3根臟支是總數的一個零頭。

十五、腹主動脈及其分支

腹主動脈膈肌平，
沿著脊柱前下行。
第四腰椎前分叉，
左右髂總各一根。①

成對臟支共有三，
腎上腺中睪丸腎。②
不成對的也有三，
腸系上下腹腔幹。③
壁支還有五對半，
骶中膈下腰兩邊。④

〔注釋〕

①左右髂總各一根——腹主動脈在第 4 腰椎體前方分出左、右髂總動脈。

②腎上腺中睪丸腎——腹主動脈分出的成對臟支有：一對腎上腺中動脈、一對睪丸動脈和一對腎動脈。

③腸系上下腹腔幹——不成對的臟支有：腸系膜上動脈、腸系膜下動脈和腹腔幹。

④骶中膈下腰兩邊——壁支約有 11 支：骶中動脈 1 支、膈下動脈 1 對，腰動脈 4 對（布於腰兩側及腹前壁）。

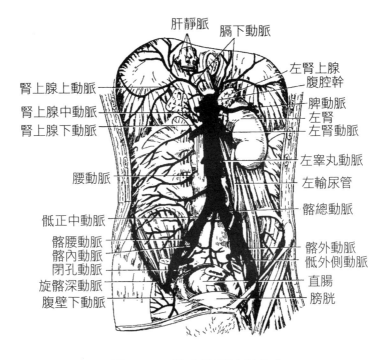

圖Ⅲ-13　腹主動脈及其分支

十六、腹腔幹的分支

腹腔幹分三大派，①
胃左肝總脾動脈。
脾動脈在胰上走，
分出胰支有許多。②
末端進入脾之前，
發出一支胃網左，③
胃短動脈三四個。
胃左沿著小彎走，
食管胃支有數個。④
賁門下方向右轉，
終與胃右相吻合。⑤

肝總分支有兩個：
一支叫做肝固有，
固有再發出胃右；⑥
一支胃十二指腸，
它再發出胃網右，⑦
胰十二指上前後。⑧

〔注釋〕

①腹腔幹分三大派 —— 「派」是水的支流，此處比喻腹腔幹有三大分支。

②分出胰支有許多 —— 脾動脈在胰上緣向左行，分出

許多小支到胰頭、胰體和胰尾。

③發出一支胃網左——脾動脈在進入脾之前分出胃網膜左動脈和 3～4 支胃短動脈。

④食管、胃支有數個——胃左動脈在賁門右前方分出 1～2 支食管動脈和數條胃支。

⑤終與胃右相吻合——胃左動脈向左上方行，至胃的賁門處急轉向右，沿胃小彎走在小網膜兩層之間與胃右動脈吻合。

⑥固有再發出胃右——肝固有動脈再發出胃右動脈。

⑦它再發出胃網右——胃十二指腸動脈發出胃網膜右動脈。

⑧胰十二指上前後——胃十二指腸動脈還發出胰十二指腸上前動脈和胰十二指腸上後動脈。

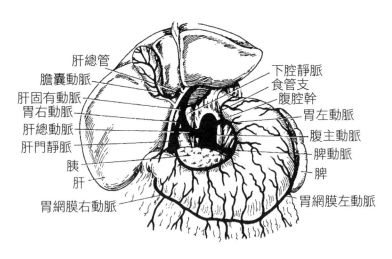

圖Ⅲ-14　腹腔幹及其分支（胃前面）

十七、腸系膜上動脈及其分支

腸系膜上動脈長,

起自腹腔幹下方。

十二指腸水平前,①

胰頭後方向下降。

胰十二指腸下支,②

空回腸支有十四。③

回結右結各一根,④

中結腸支 Y(wai)形。⑤

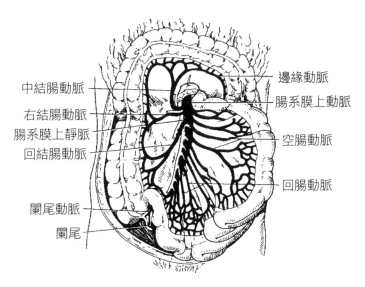

中結腸動脈

右結腸動脈

腸系膜上靜脈

回結腸動脈

闌尾動脈

闌尾

邊緣動脈

腸系膜上動脈

空腸動脈

回腸動脈

圖Ⅲ-15　腸系膜上動脈及其分支

〔注釋〕

①十二指腸水平前——腸系膜上動脈越過十二指腸水平部的前面。

②胰十二指腸下支——腸系膜上動脈發出的第一支是胰十二指腸下動脈。

③空回腸支有十四——空腸動脈和回腸動脈共有 12～16 支，平均為 14 支。

④回結、右結各一根——回結腸動脈和右結腸動脈各一支。

⑤中結腸支 Y（wai）形——中結腸動脈呈 Y 形，主幹分出左、右兩支邊緣動脈進入橫結腸系膜，分別與左、右結腸動脈吻合。

十八、腸系膜下動脈及其分支

腸系膜下動脈短，
起自第三腰椎前。
營養結腸左側半，
還有直腸中上段。
分支左結和乙狀，①
末端移行直腸上。②

〔注釋〕

①分支左結和乙狀——腸系膜下動脈分出左結腸動脈 1 支，乙狀結腸動脈 2～3 支，直腸上動脈是腸系膜下動脈

的終末支。腸系膜下動脈分支共有4～5支。

②末端移行直腸上——腸系膜下動脈的末端移行為直腸上動脈。

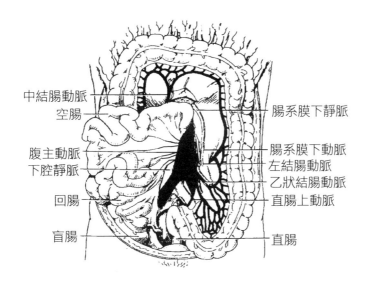

圖Ⅲ-16　腸系膜下動脈及其分支

中結腸動脈
空腸
腹主動脈
下腔靜脈
回腸
盲腸
腸系膜下靜脈
腸系膜下動脈
左結腸動脈
乙狀結腸動脈
直腸上動脈
直腸

十九、髂內動脈的分支

髂內動脈入盆腔，
支流分佈範圍廣。
閉孔髂腰骶外側，①
臀下動脈和臀上。
還有四支到內臟，
臍宮直腸和膀胱。②
一支陰部內動脈，

分支會陰陰莖肛。③

〔注釋〕

①閉孔髂腰骶外側——髂內動脈分出的壁支有：閉孔動脈、髂腰動脈（1～2支），骶外側動脈（1～2支），臀上動脈和臀下動脈。

②臍宮直腸和膀胱——髂內動脈分出的內臟支有：臍動脈、子宮動脈、直腸下動脈和膀胱下動脈。

③一支陰部內動脈，分支會陰陰莖肛——陰部內動脈伴臀下動脈下降、穿梨狀肌下孔出盆腔。分出會陰動脈、陰莖動脈（陰蒂動脈）和肛動脈。

二十、股動脈及其分支

股動脈在起始點，
分支腹壁旋髂淺。①
下行二至五公分，
再發一支叫股深。
股深分支有五根：
旋股內外要記清，②
三條穿支股深層。
本幹內收肌管行，③
穿過收肌腱裂孔，
膕窩上方更名稱。④

〔注釋〕

①分支腹壁旋髂淺——股動脈在腹股溝韌帶稍下方發出腹壁淺動脈和旋髂淺動脈。

②旋股內外要記清——旋股內外側動脈由股深動脈發出，前者穿恥骨肌和髂腰肌之間進入深層，分支營養附近肌和髖關節。旋股外側動脈外行，分數支分佈於股部諸肌和膝關節。

③本幹內收肌管行——股動脈本幹通過股三角進入內收肌管。

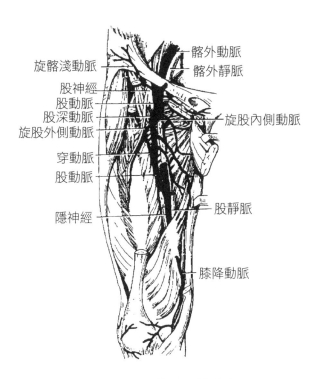

圖Ⅲ-17　股動脈及其分支

④膕窩上方更名稱——股動脈出收肌腱裂孔後進入膕窩，移行為膕動脈。

二十一、脛後動脈的分支

脛後動脈起膕窩，
比目魚肌深面走。
上部分出腓動脈，
下段經過內踝後。
向前延伸到足底，
拇展深面分兩頭。①
末端形成足底弓，
底背穿支互吻合。②
弓上發出跖足底，③
再發支到足趾頭。

〔注釋〕

①拇展深面分兩頭——脛後動脈到達拇展肌深面分為足底內側動脈和足底外側動脈。

②底背穿支互吻合——足底動脈與足背動脈的穿支相互吻合。

③弓上發出跖足底——足底弓上發出數支跖足底動脈，由跖足底動脈再分支到足趾。

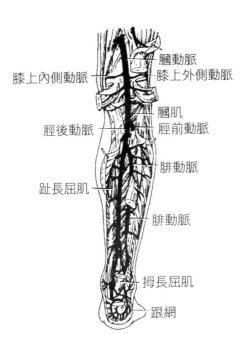

圖Ⅲ-18　脛後動脈

二十二、脛前動脈的分支

脛前動脈出膕窩，

穿過小腿骨間膜。

前群肌間向下走，

膝踝分支有許多。

潛越伸肌支持帶，①

足背動脈是終末。

〔注釋〕

①潛越伸肌支持帶——脛前動脈到小腿下段正前方潛越伸肌上支持帶後即移行為足背動脈。

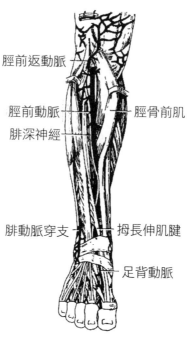

圖Ⅲ-19　脛前動脈

脛前返動脈

脛前動脈

腓深神經

脛骨前肌

腓動脈穿支

拇長伸肌腱

足背動脈

二十三、上腔靜脈的屬支

上腔靜脈起頸根，
左右頭臂匯合成。①
終端接納奇靜脈，
主幹長約 7 公分。

〔注釋〕

①左右頭臂匯合成——上腔靜脈由左、右頭臂靜脈在
第 1 肋軟骨與胸骨結合處的後方匯合而成。

二十四、奇靜脈

奇靜脈在縱隔後，
胸椎右側向上走。
起自腰升入上腔，①
沿途屬支有四個：
支氣管後食管支，②
半奇右側肋間後。③

半奇靜脈在左邊，
奇靜脈的對應點。
屬支大致都相同，
胸九前面向右轉。
注入奇靜脈中段，
半奇以上是副半。④

〔注釋〕

①起自腰升入上腔──奇靜脈起自腰升靜脈，注入下腔靜脈。

②支氣管後食管支──支氣管後靜脈和食管靜脈。

③半奇右側肋間後──半奇靜脈和右側肋間後靜脈。

④半奇以上是副半──副半奇靜脈的下端續於半奇靜脈，上端向右橫跨脊柱前方與奇靜脈吻合。

二十五、下腔靜脈的屬支

下腔靜脈腰五平，①
左右髂總匯合成。
屬支來自臟和壁，②
同名動脈結伴行。
四對腰靜脈橫行，
縱向串聯有腰升。
臟支大約有十根：
腎上腺肝睪丸腎。③

〔注釋〕

①下腔靜脈腰五平──下腔靜脈在第 5 腰椎體前方由
左、右髂總靜脈匯合而成。

②屬支來自髒和壁──除左、右髂總靜脈外，下腔靜
脈的屬支來源於腹部臟器的靜脈和腰部的靜脈，上述屬支皆
與同名動脈伴行。

③腎上腺肝睪丸腎──腎上腺靜脈、肝靜脈、睪丸靜
脈（或卵巢靜脈）和腎靜脈。

二十六、門靜脈的屬支

門脈屬支有七個：①
腸系上下胃左右。②
脾膽靜脈各一條。
附臍靜脈有許多。③

①門脈屬支有七個——此處七個是指七個部位的屬支，而不是7支。

②腸系上下胃左右——腸系膜上靜脈、腸系膜下靜脈、胃左靜脈、胃右靜脈。

③附臍靜脈有許多——附臍靜脈是多條細小的靜脈，沿肝圓韌帶行走注入門靜脈。

二十七、門脈系與腔靜脈系間的吻合及門脈側支循環

胃左食管奇上腔，①
胸腹壁與臍周網。②
腹後門腔小屬支，③
腸系膜下到肛腸。④

〔注釋〕

①胃左食管奇上腔——胃左靜脈→食管靜脈→奇靜脈→上腔靜脈。

②胸腹壁與臍周網——胸、腹壁淺靜脈和腹壁上、下靜脈通過臍周靜脈網與上、下腔靜脈間形成側支循環。

③腹後門腔小屬支——貼近腹後壁屬於門脈系的腸系膜上、下靜脈的小屬支與屬於腔靜脈系的膈下靜脈、腎靜脈等小支相吻合。

④腸系膜下到肛腸——腸系膜下靜脈→直腸上、下靜脈→肛門靜脈→髂內靜脈。

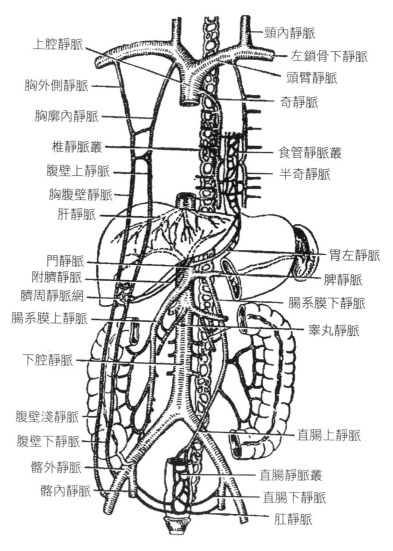

圖Ⅲ-20　門靜脈系與上、下腔靜脈系的吻合（模式圖）

二十八、大隱靜脈近端的屬支①

股內外側淺靜脈，
腹壁旋髂陰部外。

〔注釋〕

①大隱靜脈近端的屬支——股內、外側淺靜脈，腹壁淺靜脈，旋髂淺靜脈和陰部外靜脈，共5支。

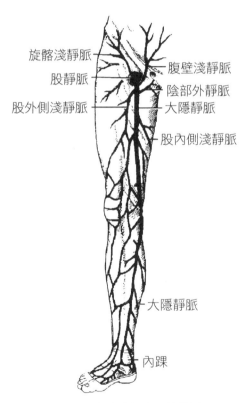

旋髂淺靜脈
股靜脈
股外側淺靜脈
腹壁淺靜脈
陰部外靜脈
大隱靜脈
股內側淺靜脈
大隱靜脈
內踝

圖Ⅲ-21　大隱靜脈及其屬支

二十九、胎兒的血液循環

胎盤血經臍靜脈，
導入胎體分流瀉。①
通過導管到下腔，②
少量直接進肝臟。

下腔血液到右房，
流入右室是少量。
大部通過卵圓孔，
中途進入左心房。

上腔右房房室孔，③
全量血到右室中。
動脈導管是捷徑，
血從肺動到主動。④

髂內發出臍動脈，⑤
兩支併排到臍帶。
胎血輸送到胎盤，
完成一周血循環。

〔注釋〕

①導入胎體分流瀉——比喻臍靜脈血進入胎兒體內後
分成兩路。大部分通過靜脈導管進入下腔靜脈、少量血入

肝。

②通過導管到下腔——臍靜脈血大部分通過靜脈導管導入下腔靜脈。

③上腔右房房室孔——上腔靜脈血進入右心房,經房室孔全部進入右心室。

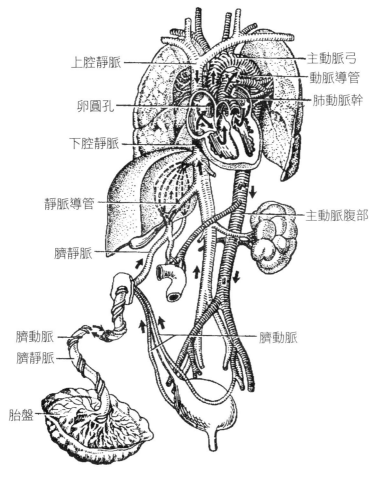

上腔靜脈

卵圓孔

下腔靜脈

靜脈導管

臍靜脈

臍動脈

臍靜脈

胎盤

主動脈弓

動脈導管

肺動脈幹

主動脈腹部

臍動脈

圖Ⅲ-22　胎兒的血液循環

④血從肺動到主動——因胎兒的肺尚未執行呼吸功能，所以絕大部分血從肺動脈經動脈導管進入主動脈。

⑤髂內發出臍動脈——左、右髂內動脈各發出一支臍動脈。

三十、淋巴系

（一）淋巴幹和淋巴導管

（支）氣管縱隔頸鎖腰，
以上四幹各兩條。①
唯有腸幹是單一，
總共九條莫混淆。
右側頸鎖支氣管，②
匯入右淋巴導管。
其餘匯入胸導管。

〔注釋〕

①（支）氣管縱隔頸鎖腰，以上四幹各兩條——支氣管縱隔幹、頸幹、腰幹和鎖骨下幹都是成對的淋巴幹。

②右側頸鎖支氣管——右側頸幹、右鎖骨下幹、右支氣管縱隔幹。

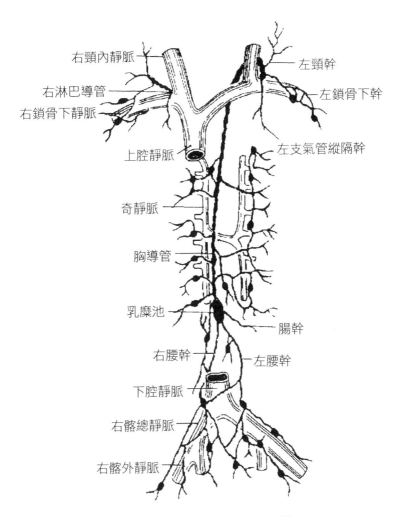

右頸內靜脈 ———
右淋巴導管 ———
右鎖骨下靜脈 ———
上腔靜脈 ———
奇靜脈 ———
胸導管 ———
乳糜池 ———
右腰幹 ———
下腔靜脈 ———
右髂總靜脈 ———
右髂外靜脈 ———

——— 左頸幹
——— 左鎖骨下幹
——— 左支氣管縱隔幹
——— 腸幹
左腰幹 ———

圖Ⅲ-23　淋巴幹及淋巴導管

（二）脾（概況）

脾居腹腔左上部，
九至十一肋庇護。
兩緣兩端兩個面，
臟面凹陷膈面凸。

胃底膈下結腸腎，
分別與脾是毗鄰。
鄰里之間有韌帶，①
兩層腹膜癒合成。

淋巴血管和神經，
進出部位稱脾門。
上緣下部有切跡，②
脾腫大時摸得清。

〔注釋〕

①鄰里之間有韌帶——脾是內位器官，它借脾胃韌帶、膈脾韌帶、脾腎韌帶和膈結腸韌帶支持固定。

②上緣下部有切跡——脾上緣下部有 2～3 個切跡，稱脾切跡，脾腫大時可作為觸診脾的標誌。

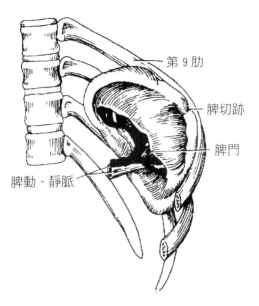

圖Ⅲ-24　脾

（三）胸腺（概況）

胸腺略呈錐體形，
位於上縱隔前份。
上段狹長到頸根，
左右兩葉不對稱。

腺體內部分小葉，
結蒂被膜分隔成。
小葉分泌胸腺素，
促進 T 細胞形成。

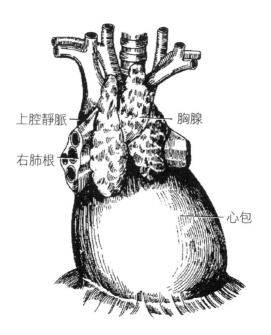

上腔靜脈

右肺根

胸腺

心包

圖Ⅲ-25　胸腺

第四部分　感覺器

一、眼球的構造

眼球大致是圓形，
球壁組織有三層。
外層鞏膜最堅韌，
角膜是個凸透鏡。①

脈絡膜在中間層，
睫狀體在中前份。②
虹膜位於角膜後，③
瞳孔調節靠神經。④

內膜就是視網膜，⑤
兩層組織都很薄。
神經緊貼色素層，
虹膜睫狀在前份。⑥

內容物是屈光系，
房水晶狀玻璃體。⑦
三者透明無血管，
折光成像在眼底。⑧

〔注釋〕

①角膜是個凸透鏡——眼外膜分為鞏膜和角膜兩部分，角膜占外膜的前六分之一，曲度較眼球其他部分的曲度大，像個凸透鏡片。

②睫狀體在中前份——眼球壁的中膜分為脈絡膜、睫狀體和虹膜。睫狀體位於中份偏前。

③虹膜位於角膜後——虹膜是中膜的最前部，位於角膜之後方。

④瞳孔調節靠神經——虹膜中央有一圓孔稱瞳孔，瞳孔周邊有環形的瞳孔括約肌和放射狀的瞳孔開大肌。動眼神經中的副交感纖維支配瞳孔括約肌，收縮時使瞳孔變小。交感神經支配瞳孔開大肌，在黑暗的環境中能使瞳孔擴大。

⑤內膜就是視網膜，兩層組織都很薄——視網膜為兩層，外層為色素部，由單層色素上皮構成。內層為神經部，兩層貼在一起。

⑥虹膜睫狀在前份——虹膜部和睫狀體部是內膜的前部分。

⑦房水晶狀玻璃體——眼球內容物由房水、晶狀體和玻璃體三部分組成，這些結構和角膜一樣，具有屈光作用，稱為眼的屈光系統。

⑧折光成像在眼底——外界物體發射或反射出來的光線，經過屈光系統後，在視網膜上形成清晰的物像。眼底的黃斑是視力最敏銳之處。

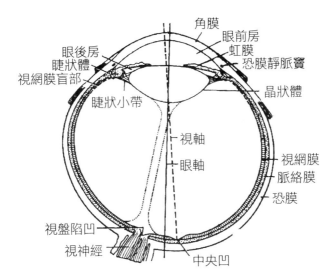

圖Ⅳ-1　右眼球的水平切面

二、皮　膚

皮膚也屬感覺器，
面積一點七平米；①
重要功能有許多，
調溫排泄和分泌。

淺層角質是表皮，
既能防水又透氣；
角質細胞無生命，
表皮下面是真皮。

真皮緻密有彈性，
富於血管和神經；
長有許多小乳頭，
向上伸入淺表層。

毛髮汗腺皮脂腺，
附屬器官有若干；
汗腺位於真皮底，
它有獨立排泄管。

毛根埋在真皮裏，
包有毛囊立毛肌；
脂腺開口於毛囊，
時刻都有油脂泌。

〔注釋〕
①面積一點七平米——成人全身皮膚總面積約為 1.7 平方公尺。

三、面部皮膚與淺筋膜

面部皮膚薄而軟，
富含毛囊皮脂腺。
淺層筋膜很疏鬆，
水腫易在瞼部現。①

面部傷口癒合快，

血運豐富抗感染。

靜脈血管通顱內，

危險三角要防範。②

面部神經極敏感，

纏繞動脈小血管。③

情緒激動患病時，

臉色立即隨之變。

〔注釋〕

①水腫易在瞼部現——各種原因引起水腫時，上瞼部水腫顯現最早。

②危險三角要防範——面靜脈經眼靜脈與海棉竇交通，口角平面以上的一段面靜脈通常無靜脈瓣，兩側口角至鼻根連線的「三角區」內發生的化膿性感染易逆行至海棉竇導致顱內感染，故此三角區稱「危險三角」。

③面部神經極敏感，纏繞動脈小血管——面部的血管運動神經纏繞在小動脈的管壁上，反應極敏感，當情緒波動或患某些疾病時面色隨之變化。

第五部分 神 經 系

一、頸叢的組成及其分支

頸一到四各前支，①
組成頸叢分五支：
枕小耳大鎖骨上，②
頸橫布於頸側方。③
肌支唯有膈神經，
運動感覺混合性。
感覺纖維分佈廣，
胸膜心包和膽囊，
膈下腹膜正中央，
膽道系統和肝臟。

〔注釋〕

①頸一到四各前支——頸叢由第 1～4 頸神經前支構成。

②枕小耳大鎖骨上——枕小神經、耳大神經、鎖骨上神經。

③頸橫布於頸側方——頸橫神經，亦稱頸皮神經，分佈於頸側方和頸前皮膚。

二、臂叢的組成及其分支

頸五至八和胸一，
前支編織成臂叢，
叢發支到臂胸背。
五六上幹中幹七，①
下幹頸八和胸一。②

下幹就是內側束，
外束上中幹合一。③
三幹發支成後束，④
三束包圍動脈壁。

叢發長支到上肢，
外發肌皮內發尺。⑤
餘下各半合為一，
居於正中得名字。⑥
後束分出橈神經，
橈腋二支是攣生。⑦

〔注釋〕
　　①五六上幹中幹七——組成臂叢的神經先合成上、
中、下三幹，每個幹在鎖骨上方又分為前、後兩股。由上、
中幹的前股合成外側束，下幹前段自成內側束，三幹後股合
成後束。三束分別從內、外、後三面包圍腋動脈。第 5、6

頸神經前支構成上幹。

②下幹頸八和胸一——第 8 頸神經前支和第一胸神經前支構成下幹。

③外束上中幹合一——外側束由上幹和中幹合併而成。

④三幹發支成後束——上、中、下 3 幹各發出一支構成後束。

⑤外發肌皮內發尺——外側束發出肌皮神經，內側束發出尺神經。

⑥位居正中得名字——外側束和內側束分別分出肌皮神經和尺神經後合成一股、位居上臂和前臂正中，叫正中神經。

⑦橈腋二支是孿生——橈神經和腋神經同由後束分出。比喻為一對孿生子。

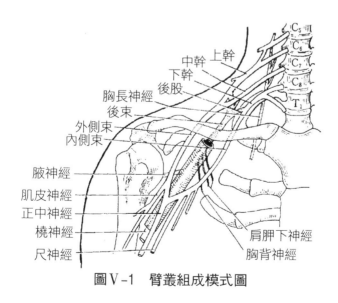

圖 V-1　臂叢組成模式圖

三、臂叢短支在胸、肩、背部的分佈

　　胸長到前鋸，①
　　肩背菱肩提。②
　　胸前胸大小，③
　　胸背背闊肌。

　　肩胛上二岡，④
　　肩胛下對應。⑤
　　大圓肩胛下，
　　接收同指令。⑥

〔注釋〕

①胸長到前鋸——胸長神經支配前鋸肌。

②肩背菱肩提——肩背神經支配菱形肌和肩胛提肌。

③胸前胸大小——胸前神經支配胸大肌和胸小肌。

④肩胛上二岡——肩胛上神經支配岡上肌和岡下肌。

⑤肩胛下對應——肩胛下神經支配肩胛下肌（名稱對
應），以及大圓肌。

⑥大圓肩胛下，接受同指令——大圓肌和肩胛下肌由
同一神經（肩胛下神經）支配。

四、肌皮神經

　　肱肌喙肱二頭肌，
　　肌皮神經支配區。①

終支穿出深筋膜，
前臂外側布於皮。

〔注釋〕

①肱肌喙肱二頭肌，肌皮神經支配區——肱肌、喙肱肌和肱二頭肌由肌皮神經支配。

五、正中神經

指深屈肌尺側半，
肱橈尺屈也不算，①
前臂掌側六塊半，
都歸正中神經管。
皮支分佈到掌心，
橈側手指三個半。②
支配一二蚓狀肌，
拇收除外魚際三。③

〔注釋〕

①指深屈肌尺側半，肱橈尺屈也不算——前臂屈肌中，除外指深屈肌的尺側半和尺側腕屈肌和肱橈肌之外，其餘六塊半肌受正中神經支配。前臂屈肌六塊半：即橈側腕屈肌、掌長肌，指淺屈肌、拇長屈肌，旋前圓肌旋前方肌和指深屈肌橈側半。

②橈側手指三個半——正中神經皮支的末端分佈到橈側三個半手指的掌面皮膚及中、遠節手指背面的皮膚。

③拇收除外魚際三——魚際肌由拇收肌、拇短展肌、拇短屈肌和拇指對掌肌4塊組成。除拇收肌外其餘3塊肌都受正中神經支配。

六、橈神經

臂叢後束橈神經，
本幹發支有五根：
臂後皮支出腋窩。
溝內皮支前臂後。①
三頭肱橈腕長伸，②
肌支三根要記清。

向下行至肱橈間，③
分成終支深和淺。
淺支手背橈側感，
橈側手指兩個半。④
深支支配肘旋後，⑤
前臂伸肌它統籌。⑥

〔注釋〕
①溝內皮支前臂後——橈神經在肱骨的橈神經溝內發出一支前臂後皮神經分佈於前臂背面皮膚。

②三頭肱橈腕長伸——肱三頭肌、肱橈肌、橈側腕長伸肌是從橈神經本幹上發出的3個肌支支配。

③向下行至肱橈間——橈神經本幹下行至肱骨中、下

1/3 交界處穿外側肌間隔，至肱橈肌與肱肌之間分出淺、深二終支。

④橈側手指兩個半——淺支分佈於手背橈側半和橈側兩個半手指近節背面皮膚。

⑤深支支配肘旋後——深支支配肘肌和旋後肌。

⑥前臂伸肌它統籌——前臂全部伸肌皆由橈神經支配。

七、尺神經

臂叢內束尺神經，
前臂分支有五根：
尺側腕屈發在先，①
指深屈肌尺側半，②
皮指小魚際掌面，③
手背支細掌支寬。④

掌支下行到手腕，
豆骨外緣分深淺：
淺支分佈到小指，
環指皮膚尺側半。
深支拇收小魚際。⑤
三四蚓狀骨間肌。

〔注釋〕

①尺側腕屈發在先——尺神經發出的第一個支是支配尺側腕屈肌。

②指深屈肌尺側半——尺神經支配指深屈肌的尺側半。

③皮支小魚際掌面——尺神經在前臂中部發出的皮支分佈到小魚際和掌面尺側半皮膚。

④手背支細掌支寬——尺神經在前臂中、下 1/3 交界處發出較細的手背支和較粗大的掌支，此處「寬」字，意在押韻。

⑤深支拇收小魚際——深支分佈到拇收肌和小魚際肌。

八、腋神經

臂叢後束腋神經，
旋肱後 A 相伴行。①
向後穿過四邊孔，
繞過肱骨外科頸。
支配小圓三角肌，
感覺肩臂後部皮。②

〔注釋〕

①旋肱後 A 相伴行——腋神經與旋肱後動脈相伴行，此處用「artery」的第一個字母「A」代表動脈。

②感覺肩臂後部皮——腋神經皮支（臂外側上皮神經）分佈到肩部和臂後部皮膚。

九、十二對胸神經與感覺平面
###　　　的對應關係

路易士角乳頭劍。①

肋弓臍孔恥骨聯；②
上三位對二四六，③
下三位該怎麼填？④

〔注釋〕

①路易士角乳頭劍──胸骨角也叫「路易士」角，「劍」是胸骨劍突。本句包括胸骨角平面，乳頭平面和劍突平面。

②肋弓臍孔恥骨聯──本句包括肋弓平面，臍孔平面和恥骨聯合平面。

③上三位對二四六──上三位指胸骨角、乳頭和劍突3個標誌點。第2胸神經分佈到胸骨角平面以上的皮膚，第4胸神經至乳頭平面，第6胸神經至劍突平面。

④下三位該怎麼填──下3位分別是肋弓，臍孔和恥骨聯合。根據上3位標誌點與胸神經的對應關係，下3位可以類推。即：肋弓〔8〕，臍孔〔10〕，恥骨聯合〔12〕。

臨床上施行椎管內麻醉時，多按此分佈區測定麻醉平面的高低。脊髓損傷時，也常根據感覺障礙平面來幫助對損傷節段的定位。

十、腰叢的組成

腰叢組成最簡單，
腰神（經）前支一二三，
胸末腰四前一半，①
位於腰大肌深面。

〔注釋〕

①胸末腰四前一半——第 12 胸神經和第 4 腰神經前支的一部分加入腰叢。

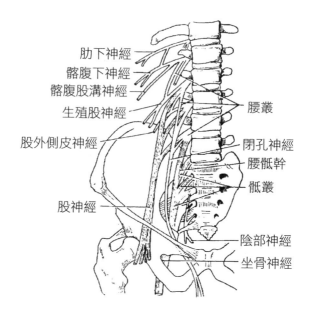

圖Ⅴ-2　腰骶叢組成模式圖

肋下神經
髂腹下神經
髂腹股溝神經
生殖股神經
股外側皮神經
股神經

腰叢
閉孔神經
腰骶幹
骶叢
陰部神經
坐骨神經

十一、腰叢的分支

腰叢分支有六根：
首發髂腹下神經。
髂腹股溝在附近，①
股外側皮在淺層。
股神經到大腿前，
閉孔支配收肌群。

細支生殖股神經，

陰囊提睾大陰唇。②

〔注釋〕

①髂腹股溝在附近——髂腹股溝神經在髂腹下神經的下方，走行方向兩支相同。

②陰囊提睾大陰唇——生殖股神經皮支分佈到陰囊（大陰唇）皮膚。肌支支配提睾肌。

十二、股神經

股神經是粗大幹，

走在髂腰肌之間。

到達大腿正前方，

分成數支向下延。

四頭縫匠恥骨肌，①

股前小腿內側皮。②

細長終支隱神經，

與股動脈緊相依。③

穿出收肌管之後，

伴隨大隱靜脈走。

〔注釋〕

①四頭縫匠恥骨肌——股四頭肌，縫匠肌和恥骨肌由股神經支配。

②股前小腿內側皮——股神經發出數條較短的前皮支分佈到大腿和膝關節前面的皮膚。

③與股動脈緊相依——股神經終支（皮支）稱隱神經，伴股動脈進入收肌管，在膝關節內側淺出皮下後，伴隨大隱靜脈行走，感覺纖維分佈於膝前皮膚、小腿內側和足內緣皮膚。

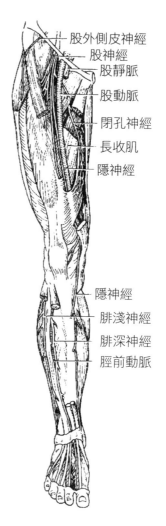

股外側皮神經
股神經
股靜脈
股動脈
閉孔神經
長收肌
隱神經

隱神經
腓淺神經
腓深神經
脛前動脈

圖Ⅴ-3　下肢前面的神經

十三、骶叢的組成及其分支

骶尾前支腰五四，①
組成骶叢分五支：
臀上臀下陰股後，②
坐骨神經到膕窩。③

〔注釋〕

①骶尾前支腰五四——全部骶神經和尾神經前支、第 4
腰神經前支的一部分和第 5 腰神經前支組成骶叢。

②臀上臀下陰股後——臀上神經、臀下神經、陰部神
經和股後側皮神經。

③坐骨神經到膕窩——坐骨神經到膕窩上方分成脛神
經和腓總神經。

十四、坐骨神經

（謎語）

要論粗細是老大，①
要問來源骶叢發。
穿過梨狀肌下孔，
經由臀大肌腹下。②
走在股二頭深面，
未到膕窩就分叉。

〔注釋〕

①要論粗細是老大——坐骨神經是人體最粗大的神經。

②經由臀大肌腹下——坐骨神經出梨狀肌下孔後走在

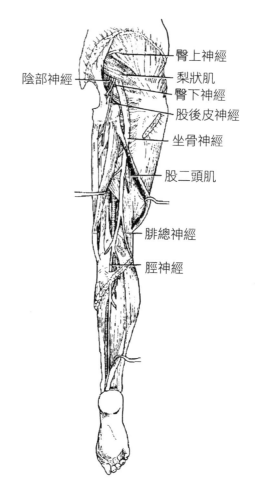

圖V-4　下肢後面的神經

臀大肌深面，到股後走在股二頭肌深面。

十五、脛　神　經

　　脛神經在小腿後，
　　比目魚肌深面走。

支配小腿後群肌，①

淺支腓腸內側皮。②

內踝下方分兩支，③

向前延伸到足底。

〔注釋〕

①支配小腿後群肌——脛神經肌支支配腓腸肌、比目魚肌、脛骨後肌和趾、拇長屈肌。

②淺支腓腸內側皮——脛神經在膕窩處發出一根皮支，稱為腓腸內側皮神經。布於小腿內側皮膚。

③內踝下方分兩支——脛神經在內踝後下方，分裂韌帶深面分為足底內側神經和足底外側神經。

十六、腓總神經

腓總分佈範圍廣，

小腿外側和前方。

上端繞過腓骨頸，

分成腓淺和腓深。

淺支腓骨長短肌，①

小腿外側足背皮。②

深支支配前群肌，

足背肌和趾背皮。③

〔注釋〕

①淺支腓骨長短肌——淺支支配腓骨長肌和腓骨短肌。

②小腿外側足背皮——淺支在小腿外下方 1/3 處淺出為皮支，分佈於小腿外側、足背和趾背皮膚。

③足背肌和趾背皮——深支分佈於小腿前群肌、足背肌和第一趾間隙背面的皮膚。

十七、十二對腦神經的名稱①

嗅視動眼滑叉展。

七面八聽九舌咽，

迷走和副舌下全。

〔注釋〕

①老歌訣是：一嗅二視三動眼，四滑五叉六外展，七面八聽九舌咽，迷副舌下神經全。新名詞稱第六對腦神經為展神經，故重新編成「嗅、視、動眼、滑、叉、展」。

十八、十二對腦神經附腦的部分

一端二間後，①

三中腳間窩，②

四中背下丘。③

五出腦橋臂，④

六七八延溝。⑤

舌咽、副、迷走，

出自橄欖後。

十二是舌下，

錐體外側掛。

〔注釋〕

①一端二間後——第 1 對腦神經進入端腦，第 2 對腦神經連於間腦後部。

②三中腳間窩——第 3 對腦神經出自中腦腳間窩。

③四中背下丘——第 4 對腦神經由中腦背側下丘下方出腦。

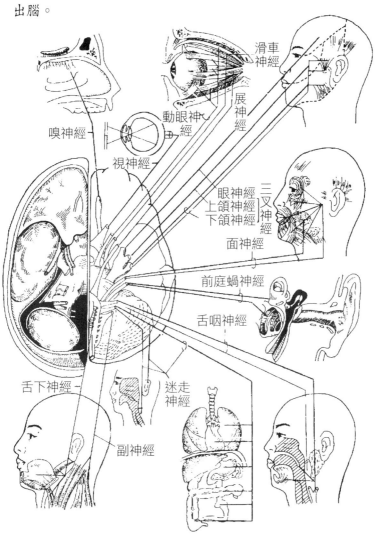

圖V-5 腦神經概觀

④五出腦橋臂——第 5 對腦神經從腦橋腹面與小腦中腳交界處（有的書中稱該部為腦橋臂）出腦。

⑤六七八延溝——由內向外數，第 6、7、8 三對腦神經並排位於延髓腦橋溝。

十九、動眼神經

動眼神經最特殊，
軀體內臟兩傳出。①
進入眼眶分兩支，
上支細小下支粗。
上管上直瞼上提。②
下管下內下斜肌。③
副交感支特別細，
支配睫狀瞳括肌。④
中樞纖維到睫狀，⑤
換元再達效應器。

〔注釋〕

①軀體內臟兩傳出——動眼神經含有軀體運動纖維和內臟運動纖維兩種成分。

②上管上直瞼上提——動眼神經上支支配上直肌和瞼上提肌。

③下管下內下斜肌——動眼神經眶下支支配下直肌、內直肌和下斜肌。

④支配睫狀瞳括肌——副交感支支配睫狀肌和瞳孔括約肌，參於完成對光、調節反射。

⑤中樞纖維到睫狀——動眼神經副核發出的節前纖維終於眶內睫狀神經節，節內換神經元後，節後纖維支配睫狀肌和瞳孔括約肌。

二十、滑車神經

滑車神經細而長，
經眶上裂入眼眶。
向前越過瞼上提，①
唯一支配上斜肌。

〔注釋〕

①向前越過瞼上提——滑車神經進入眼眶後，越過瞼上提肌，從上面進入上斜肌。

二十一、三叉神經

三叉神經混合性，
軀體感運兩部分。①
節前發出三大支，
上頜下頜眼神經。
每條又分數小支，
以下分別細說明：
額與鼻睫和淚腺，②
三根小支來自眼，
翼腭眶下顴上槽，③
四支來源於上頜，
下頜分支有五條：

耳顳頰舌和咀嚼，

還有一支下牙槽。

〔注釋〕

①軀體感運兩部分——軀體感覺和軀體運動纖維。

②額與鼻睫和淚腺——額神經、鼻睫神經和淚腺神經從眼神經分出。

③翼腭眶下顴上槽——翼腭神經、眶下神經、顴神經和上牙槽神經由上頜神經分出。

④耳顳頰舌和咀嚼——耳顳神經、頰神經、舌神經、咀嚼肌神經和下牙槽神經由下頜神經發出。

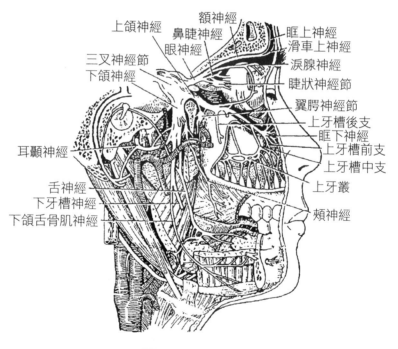

圖Ⅴ-6　三叉神經

二十二、展神經

展神經，最單純，
屬於軀體運動性。
唯一支配外直肌，
其他部位沒有份。

二十三、面神經

面神經是混合性，
三種成分要記清：
特內運動管面肌，①
特內感覺舌前份。②
內臟運動副交感，
控制淚腺頜下腺。

管內分支有三條：
岩大鐙骨和鼓索。③
顱外分支有五條：
顳顴頰頸和下頜。④

〔注釋〕

①特內運動管面肌——特殊內臟運動纖維支配面肌。

②特內感覺舌前份——特殊內臟感覺纖維分佈於舌前2/3 的味蕾。

③岩大鐙骨和鼓索——面神經管內分支有鼓索支、岩大神經和鐙骨肌神經。

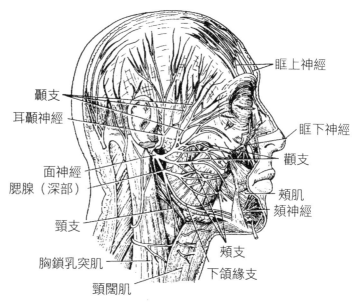

眶上神經

顳支

耳顳神經

眶下神經

顴支

面神經

腮腺（深部）

頰肌

頰神經

頸支

頰支

胸鎖乳突肌

下頜緣支

頸闊肌

圖 V-7　面神經

④顳顴頰頸和下頜——顳支、顴支，頰支和下頜緣支。

二十四、前庭蝸神經

位聽神經是別名，
特殊軀體感覺性。
蝸部前庭部組成，
傳遞聽覺和平衡。
前庭來自位覺器，
橢圓球囊壺腹脊。
蝸部來自位聽器，
位於內耳蝸管裏。

二十五、舌咽神經

舌咽神經延髓發，
五種成分相混雜。①
特臟感覺舌後份，②
莖突咽肌特臟運。③
臟運一般副交感，④
節後纖維到淚腺。
軀體感覺纖維細，
布於同側耳後皮。

〔注釋〕

①五種成分相混雜——舌咽神經含有一般軀體感覺，一般內臟運動，特殊內臟運動，一般內臟感覺和特殊內臟感覺五種成分。

②特臟感覺舌後份——特殊內臟感覺纖維分佈於舌後1/3的味蕾。

③莖突咽肌特臟運——特殊內臟運動纖維支配莖突咽肌。

④臟運一般副交感——內臟運動纖維屬於一般副交感纖維。

二十六、迷走神經

迷走分佈最廣泛，
主要成分副交感。
頸部分支有五條：

喉上頸心耳咽腦。①

胸部分支共有三，
氣管食管與喉返。②
腹部分支也有兩：
胃後腹腔胃前肝。③

軀體運動纖維細，
支配軟腭咽喉肌。
軀體感覺硬腦膜，④
耳道皮膚和耳廓。

〔注釋〕

①喉上頸心耳咽腦——迷走神經在頸部的分支有：喉上神經、頸心支、耳支、咽支和腦膜支。

②氣管食管與喉返——迷走神經在胸部的分支有支氣管支、食管支和喉返神經。

③胃後腹腔胃前肝——迷走神經在腹部的分支有胃後支和腹腔支，胃前支和肝支。

④軀體感覺硬腦膜——軀體感覺纖維分佈到硬腦膜、耳廓和外耳道皮膚。

二十七、副神經

副神經有兩部分，
腦和脊髓各一根。

兩根在顱內合併，①
伴隨舌咽迷走行。
頸靜脈孔出顱腔，
再分手到咽喉頸。②
顱根支配咽喉肌，
脊髓根向下延續。
斜方胸鎖乳突肌。

〔注釋〕

①兩根在顱內合併——脊髓根經枕骨大孔入顱內與顱根合併成副神經幹。

②再分手到咽喉頸——副神經幹與舌咽、迷走神經一同自頸靜脈孔出顱腔後分為內、外兩支，內支為顱根的延續，外支為脊髓根的延續。

二十八、舌下神經

舌下神經運動性，
支配舌肌內外群。①
如果一側有病變，
伸舌向著患側偏。

〔注釋〕

①支配舌肌內外群——舌下神經支配莖突舌肌、舌骨舌肌、頦舌肌和全部舌內肌。

二十九、交感神經

脊髓胸一至腰三，
交感中樞在其間。
節前纖維有髓鞘，
節間連成交感幹。

周圍部分在節後，①
中樞部分在節前。

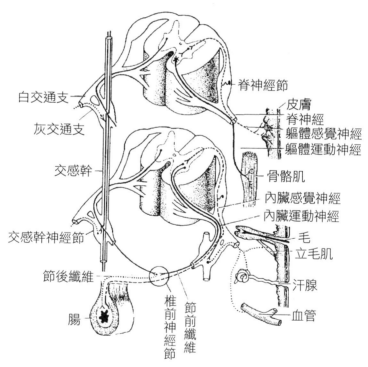

圖V-8　交感神經纖維走行模式圖

節前發自灰側角，②
節後發自節細胞。

〔注釋〕

①周圍部分在節後——交感神經也分中樞部分和周圍部分，節前纖維為中樞部，節（椎旁節和椎前節）本身和由節發出的纖維為周圍部。

②節前發自灰側角——節前纖維發自脊髓灰質側角細胞。

三十、交感神經的椎旁節和椎前節

椎旁節在椎兩邊，
連成兩條交感幹。
上端抵達顱底面，
下端會在尾骨前。
胸節十二頸節三，①
腰四骶三尾一半。②

椎前節是團塊狀，
位於脊柱正前方。
腸系膜下系膜上，③
主動脈腎和腹腔。④

〔注釋〕

①胸節十二頸節三——胸段的椎旁節每側有 10～12

個。頸段每側有 3 個。

②腰四骶三尾一半——腰部每側有 4 個椎旁節,盆

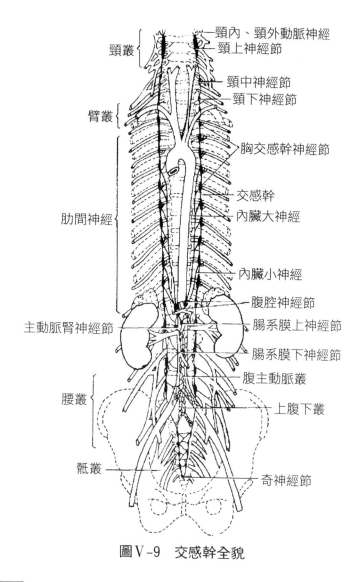

圖 V-9　交感幹全貌

部：骶節每側有 2～3 個。尾部兩側合併為一個奇節，位於尾骨前面，所以說：尾節每側是半個。

③腸系膜下系膜上——腸系膜下神經節和腸系膜上神經節。

④主動脈腎和腹腔——主動脈腎神經節和腹腔神經節。

三十一、交感神經的節前纖維與
白交通支

白交通支有髓鞘，
發自脊髓灰側角，①
加入前根出椎管，
然後進入交感幹。

三種去向要記清：
幹內下降或上升。②
終於相應椎旁節，
有的直接椎前奔。

白交通支都很短，
節前纖維一小段。
限於胸一至腰三，
髓鞘發光很明顯。
纖維來自脊神經，
然後進入交感幹。

①發自脊髓灰側角——白交通支發自脊髓灰質側角。

②幹內下降或上升——下胸段和腰段（$T_{11} \sim L_3$）在交感幹內下降。上胸段（$T_1 \sim T_6$）在交感內上升。中胸段（$T_6 \sim T_{10}$）在交感幹內上升或下降。

三十二、交感神經的節後纖維與灰交通支

節後纖維無髓鞘，
發自椎旁節細胞。
去向同樣有三條：
攀附動脈細纏繞，①
重新回到脊神經，②
臟節直接分支到……③

灰交通支也很短，
節後纖維一小段。
沒有髓鞘不發光，
纖維來自交感幹。
數量相對比較多，
脊神經中都包含。④

〔注釋〕

①攀附動脈細纏繞——在動脈外膜外面形成神經叢。

②重新回到脊神經——經灰交通支返回脊神經、附於

脊神經再分佈到軀幹和四肢的血管、汗腺、立毛肌。

③臟節直接分支到……——由內臟神經節直接分支到所支配的臟器。

④脊神經中都包含——31 對脊神經中都有灰交通支與交感幹聯繫。

三十三、副交感神經

　　副交中樞分兩段：①
　　顱部中樞在腦幹，
　　一般內臟運動核，
　　脊髓骶部二四三。
　　節前加入腦神經，
　　迷走動眼面舌咽。②
　　骶部併入骶二～四，③
　　結伴同行出椎管。
　　支配腺體平滑肌，
　　節後纖維都很短。
　　其節常在器官內，
　　有的緊靠器官邊。

〔注釋〕

　　①副交中樞分兩段——副交感神經低級中樞在腦幹的副交感神經核和骶髓 2～4 節段的副交感神經核。

　　②迷走動眼面舌咽——顱部副交感神經節前纖維走在迷走神經、動眼神經、面神經和舌咽神經內。

③骶部併入骶二～四——骶部的副交感節前纖維加入骶二、三、四脊神經中出椎管。

三十四、交感神經和副交感神經
的主要區別

交感分佈範圍廣，①
神經節在椎近旁。②
低級中樞不同位，③
突觸比例不一樣。④
作用範圍有差異，
同靶作用互拮抗。⑤

〔注釋〕

①交感分佈範圍廣——交感神經分佈範圍遍及全身，而副交感神經分佈範圍則較小。

②神經節在椎近旁——交感神經的椎旁節和椎前節都在椎骨近旁。而副交感神經節都在器官內或器官旁。

③低級中樞不同位——交感神經低級中樞在脊髓胸一至腰三節段。副交感神經低級中樞在腦幹和骶髓2～4節段。

④突觸比例不一樣——交感神經節前神經元與節後神經元比例不同，一個交感神經的節前神經元可與許多節後神經元組成突觸。而副交感神經元只能與較少的節後神經元組成突觸。

⑤同靶作用互拮抗——交感神經和副交感神經對同一器官所起的作用是相互拮抗，但在總體上又是相互統一的。

三十五、脊髓（概況）

脊髓外觀圓柱體，
長約四十五厘米。
末端尖細稱圓錐，
終絲圍在馬尾裏。①

全長粗細不均勻，
頸腰膨大有成因。②
後正中溝淺，
前正中裂深，
前裂後溝要記清。
外側二溝分前後，③
溝中進出神經根。

〔注釋〕

①終絲圍在馬尾裏——脊髓圓錐向下延續為細長的終絲，馬尾圍繞在終絲周圍。

②頸腰膨大有成因——頸膨大是發出臂叢的節段，相當於頸4到胸1，與上肢發達有關。腰膨大是發出腰、骶叢的節段，與下肢發達有關。

③外側二溝分前後——脊髓外側有前外側溝和後外側溝，溝中有神經根進出。

三十六、脊髓節段與椎骨的對應關係

頸四以上相對應，

胸四以上高一層。①

胸八以上差兩節，②

胸末以上錯三份。③

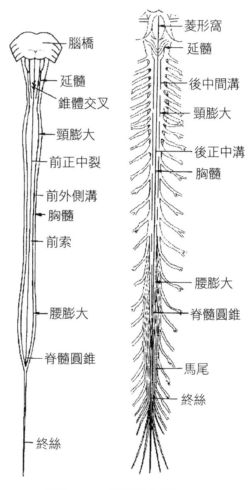

圖Ⅴ–10　脊髓的外形

腰髓平對下胸椎，④

骶尾節段對腰一。⑤

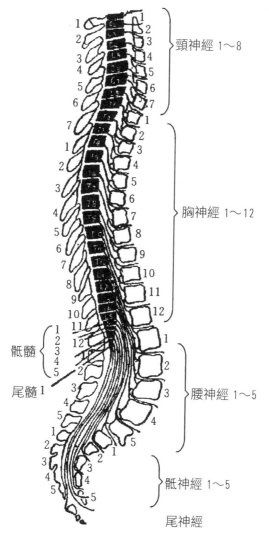

圖Ⅴ–11　脊髓節與椎骨的相應位置關係

①胸四以上高一層——頸5～胸4這一段,脊髓比相應的椎骨節段高一節,即第4胸椎相當於第5胸髓的水平。以此類推。

②胸八以上差兩節——第5～8胸椎這一段,脊髓比相應的椎骨節段高兩節,即:第5胸椎平對第7胸髓,以此類推。

③胸末以上錯三份——第9～12胸椎這一段,脊髓比椎骨相應節段高3節。

④腰髓平對下胸椎——腰髓平對第十一和第十二胸椎。

⑤骶尾節段對腰一——骶髓和尾髓約平對第一腰椎。

三十七、脊髓的內部結構

(一)橫斷面的形態

脊髓斷面分兩層,

內為灰質 H 形。

成自神經細胞體,

纖維縱橫交織成。

前角運動後角感,

側角胸一到腰三。①

白質位於週邊層,

纖維成束上下行。②

根據表面溝和裂,

前後側索巧劃分。③

位於中央管前後，

灰質白質有聯合。

〔注釋〕

①側角胸一到腰三──胸 1 到腰 3 是交感神經元細胞
體聚集的部位。

②纖維成束上下行──白質是由上行纖維和下行纖維
構成。

③前後側索巧劃分──脊髓被前正中裂、後正中溝、
前外側溝和後外側溝劃分為前索、側索和後索。

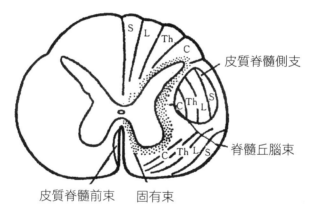

圖V-12　脊髓的橫切面（示主要纖維束內的節段性排列）

（二）灰　質

脊髓灰質前角中，

運動細胞分兩種。

體積大小不相等，

功能完全不相同。

阿爾法大嘎瑪細，①
前者支配骨骼肌，
運動軀幹和肢體。
嘎瑪伸入肌梭裏，
肌肉張力常維繫。

兩種細胞相互混，
分為內外兩側群。
內群支配軀幹頸，
脊髓全長無區分。②
外群支配上下肢，
限於兩處膨大層。

〔注釋〕

①阿爾法大嘎瑪細——α 運動神經元是大型的運動神經元。支配肌梭外的肌纖維，γ 運動神經元是小型的運動神經元，支配肌梭內的肌纖維，調節肌的張力。

②脊髓全長無區分——前角運動神經元細胞可分為內、外兩群，內側群支配頸部、軀幹的固有肌，見於脊髓全長。外側群支配上、下肢肌，僅限於頸膨大和腰膨大處。

（三）白 質

白質也分內外層，
長纖維在外圍行。
固有束短貼灰質，①

節間聯繫前後根。

〔注釋〕

①固有束短貼灰質——固有束是短纖維，緊貼灰質邊緣，起自脊髓，止於脊髓，稱為固有束。後根、固有束、前根共同參與執行脊髓節內和節間的反射活動。

（四）上行纖維束

上行纖維有四束，

命名按照起止讀。

薄束楔束脊髓丘，①

脊髓小腦前與後。②

〔注釋〕

①薄束楔束脊髓丘——薄束、楔束和脊髓丘腦束。

②脊髓小腦前與後——脊髓小腦前束與脊髓小腦後束。

（五）薄束和楔束

本體精細是一股，①

胸四以下叫薄束。

位於脊髓後索內，

信息來自下半部。

胸四以上薄束外，

楔束從此插進來。

感覺來自上半身，

兩股並排向上行。

薄束楔束兩條轍，

止於延髓同名核。②
核發纖維再上升，
繞過腹側交叉行。

丘腦背側腹後外，③
三級纖維由此來。
經由內囊後肢處，
朝向中央後回射。

〔注釋〕

①本體精細是一股——本體感覺和精細的辨別性觸覺由薄束（胸 4 以下）和楔束（胸 4 以上）向大腦皮質傳入。

②止於延髓同名核——薄束和楔束止於延髓薄束核和楔束核。

③丘腦背側腹後外——丘腦背側的腹後外側核發出第 3 級神經元。

（六）脊髓小腦前束和脊髓小腦後束

脊髓小腦束前後，①
外索並列向上走。
起自胸核腰膨大，
前束上行先交叉。②
最後到達舊小腦，
信息來自臍以下。③

〔注釋〕

①脊髓小腦束前後——脊髓小腦前束與脊髓小腦後束，在脊髓外索中並列向上行。

②前束上行先交叉——脊髓小腦前束纖維先交叉後，再向上行。

③信息來自臍以下——脊髓小腦後束傳導的信息是來自臍以下的肌梭、腱器官和皮膚的觸壓感受器，接受來自下肢的信息。

（七）脊髓丘腦束

前索側索前半部，①
發出脊髓丘腦束。
上升一節再交叉，
到達對側相應處。
終於丘腦腹後核，
傳導痛覺和溫度。
還有側支到腦幹，
插在網狀結構間。

〔注釋〕

①前索側索前半部——有的著者將脊髓丘腦束分為脊髓丘腦前束和側束，但起自脊髓止於背側丘腦的纖維在外索和前索中並非各佔據一個清晰的區域，故作為一個束敘述，脊髓丘腦束位於前索和外側索前半部。

（八）皮質脊髓束

皮質脊髓束最大，
半球中央前回發。
到達延髓錐體處，①
大部纖維要交叉。

已交叉的一部分，

皮質脊髓側束名。②

脊髓小腦後束內，③

向下貫穿到骶髓。

未交叉的小部分，

貼前正中裂下行。

最低不超過胸節，

皮質脊髓前束稱。④

〔注釋〕

①到達延髓錐體處——錐體束行至延髓腹側的錐體下方，大部分纖維交叉到對側下行。

②皮質脊髓側束名——已交叉的纖維稱為皮質脊髓側束。

③脊髓小腦後束內——皮質脊髓側束在脊髓小腦後束內側下行。

④皮質脊髓前束稱——未交叉的小股纖維稱為皮質脊髓前束。

（九）紅核脊髓束

中腦紅核發出後，

交叉發生在開頭。①

皮脊側束腹外走，②

止於灰質七五六。③

刺激紅核反應多，

屈肌神經被激活，

伸肌運動卻受挫。④

〔注釋〕

①交叉發生在開頭──纖維發出後立即交叉。

②皮脊側束腹外走──紅核脊髓束走行於皮質脊髓側束的腹外側。

③止於灰質七五六──止於脊髓灰質的5、6、7層。

④伸肌運動卻受挫──刺激紅核時，激活對側屈肌運動神經元，抑制伸肌運動神經元。

（十）前庭脊髓束

起自前庭外側核，

纖維下行在同側。

逐節止於七八層，

到達腰骶絲方盡。①

刺激前庭伸肌緊，

屈肌運動相應停。

〔注釋〕

①到達腰骶絲方盡──下行纖維束止於腰骶節。

三十八、延髓（概況）

延髓外觀圓錐體，

形似脊髓有小異。

上界延髓腦橋溝，

下與枕骨大孔齊。

腹側隆起是錐體，

運動纖維束構成。

錐體外側是橄欖，

舌咽迷走副神經。①

背側敞開中央管，②

第四腦室一部分。

下方兩個小突起，

薄束楔束結節稱。③

〔注釋〕

①舌咽迷走副神經——在橄欖的背方，自上而下依次排列的是舌咽、迷走和副神經的根絲。

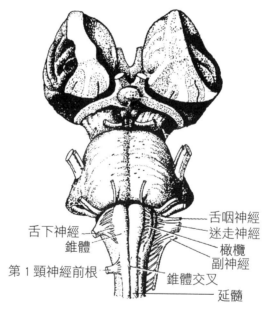

舌咽神經
迷走神經
舌下神經
橄欖
錐體
副神經
第 1 頸神經前根
錐體交叉
延髓

圖 V-13　延髓腹面觀

②背側敞開中央管——延髓背側面上部中央管敞開為第四腦室，構成了菱形窩的下部。

③薄束楔束結節稱——在延髓背面的下部，薄束和楔束向上延伸，分別延續為膨大的薄束核結節和楔束核結節。

三十九、腦橋（概況）

腦橋腹面突而寬，
延橋溝是分界線。①
溝中三對腦神經：
前庭蝸、展和顏面。②

腹面縱行基底溝，
基底動脈中間走。
背面第四腦室底，
小腦上腳在左右。
兩腳之間白質板，
滑車神經前髓帆。③

〔注釋〕

①延橋溝是分界線——腦橋腹面下緣借延髓腦橋溝與延髓分界。

②前庭蝸、展和顏面——溝中有 3 對腦神經根，自內向外為展神經、面神經和前庭蝸神經。

③滑車神經前髓帆——兩個小腦上腳之間有白質板，稱前髓帆，滑車神經根由此出腦。

四十、中腦（概況）

中腦結構較簡單，
上與間腦視束連，
下接腦橋之上緣。
左右隆起大腦腳，①
腳間窩是淺凹陷。

窩底稱為後穿質，
室腔是中腦水管。
上丘視覺下丘聽，②
兩對小丘在背面。

〔注釋〕

①左右隆起大腦腳——中腦腹面兩側的隆起稱為大腦腳，動眼神經從腳間窩出腦。

②上丘視覺下丘聽——中腦背面由兩對小丘組成，上方一對上丘為視覺反射中樞，下方一對下丘是聽覺反射中樞。

四十一、小腦（概況）

小腦位於顱後窩，
也分左右兩半球。
中間稱為小腦蚓，
下面凹陷上面平。

小腦借助三對腳，

連接延髓和腦橋。

上腳之間有髓帆，①

第四腦室脈絡連。

小腦表面溝裂淺，

兩溝之間叫葉片。

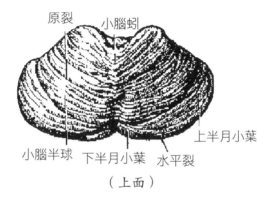

（上面）

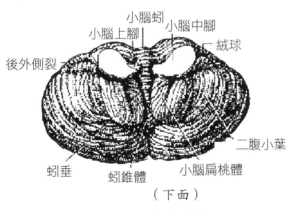

（下面）

圖Ⅴ-14　小腦的外形

①上腳之間有髓帆──小腦左、右上腳之間有前髓帆和後髓帆，向下連結第 4 腦室脈絡叢組織。

四十二、間腦（概況）

間腦兩個灰質塊，
幾乎全被大腦蓋。
第三腦室在正中，
內囊位於丘腦外。

間腦共有五部分，
上下背底後丘成。①
背丘背面前結節，
後端膨大稱為枕。
枕下外側後丘腦，②
內外膝狀體構成。
上丘位於腦室頂，
內背交界是髓紋。③

重要結構在下丘，
視神經在底會合。④
向後延伸成視束，
視束移行於漏斗。
漏斗下端接垂體，
灰結後方是乳頭。⑤

〔注釋〕

①上下背底後丘成——間腦由上丘腦、下丘腦、背側丘腦、底丘腦和後丘腦 5 部分組成。

②枕下外側後丘腦——內、外膝狀體共同構成後丘腦。

③內背交界是髓紋——背側丘腦背面與內面交界處有細纖維束,稱丘腦髓紋。

④視神經在底會合——左、右兩側的視神經在下丘腦底面匯合而成為視交叉。

⑤灰結後方是乳頭——視交叉後方有灰結節,灰結節後方有一對圓形隆起稱為乳頭體。

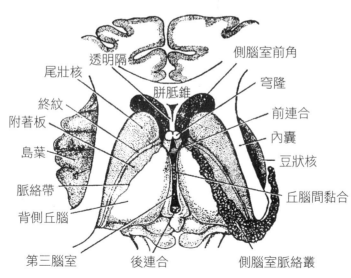

圖Ⅴ-15　間腦的背面

四十三、大腦動脈環（Wilis 環）

熟悉大腦動脈環，
診治中風就不難。①
根據體徵可分析，
哪條血管有病變。

頸內動脈是主幹，②
分支大腦中和前。③
前交通支左右通，④
後交通支中後連。⑤
基底動脈在「後院」，⑥
分支也有一大串。
大腦後動脈兩支。⑦
小腦動脈不沾邊，⑧

前中後與交通支，⑨
共同圍成動脈環。
中 A 分支易栓塞，⑩
後交通支不規範。⑪

〔注釋〕

①診治中風就不難——中醫將腦血管栓塞或破裂統稱
為「中風」。

②頸內動脈是主幹——此處「主幹」二字意為口徑粗

大，頸內動脈擔負大腦前 2/3 的血供。

③分支大腦中和前——頸內動脈分支很多，主要分支有大腦前動脈、大腦中動脈和後交通動脈。

④前交通支左右通——兩側大腦前動脈之間的一條橫支叫前交通動脈，它將左、右兩側的大腦前動脈連接起來。

⑤後交通支中後連——由頸內動脈發出的後交通動脈將大腦中動脈與大腦後動脈連接起來。

⑥基底動脈在「後院」——基底動脈擔負大腦後 1/3 的血供和小腦的血供。此處「後院」即基底動脈位於腦的後部。

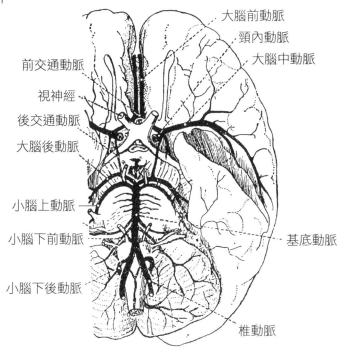

圖 V-16　大腦動脈環（Wills 環）

⑦大腦後動脈兩支——由基底動脈發出的大腦後動脈分左、右兩支。

⑧小腦動脈不沾邊——小腦動脈不參與構成 Wilis 環。

⑨前中後與交通支，共同構成動脈環——大腦前、中、後動脈與前、後交通動脈共同圍成大腦動脈環。

⑩中 A 分支易栓塞——大腦中動脈的分支容易發生栓塞。

⑪後交通支不規範——後交通動脈變異較多，常見的兩側粗細不等，也有人一側缺如。

四十四、腦的血液供應

腦內血供分兩系：
頸內動脈和基底。
頂枕溝是分界線，
頸內大腦半球前。①
基底小腦和腦幹，②
間腦血供各一半。

〔注釋〕

①頸內大腦半球前——頸內動脈供應大腦半球前半部的血液。它發出大腦前動脈、大腦中動脈和後交通動脈。大腦半球枕葉和顳葉底面由基底動脈發出的大腦後動脈供血。

②基底小腦和腦幹——基底動脈發支供應小腦和腦幹的血液。

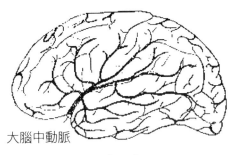

大腦中動脈

外面觀

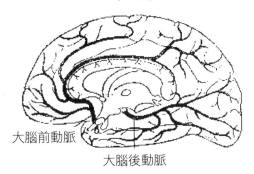

大腦前動脈

大腦後動脈

內面觀

圖Ⅴ-17　腦的血液供應（內側面觀）

四十五、腦脊液的循環

側腦室到室間孔，

流入第三腦室中。

中腦水管是要衝，①

它將三四室溝通。

經由側孔正中孔，

流入蛛網下腔中。②

蛛網膜粒回吸收，

最後回到靜脈中。③

〔注釋〕

①中腦水管是要衝——「要衝」，即交通要道。

②流入蛛網下腔中——此處指蛛網膜下腔。

③最後回到靜脈中——腦脊液主要自側腦室和第三、四腦室的脈絡叢產生。此液自側腦室經室間孔入第三腦室，向下流入中腦水管及第四腦室，經第四腦室正中孔和外側孔流入蛛網膜下腔，再經蛛網膜粒吸收歸入靜脈。

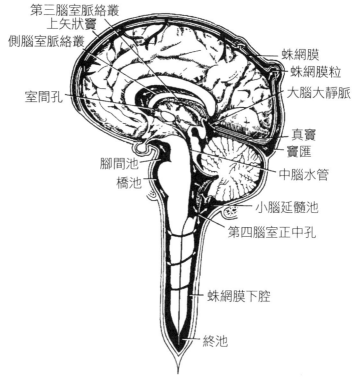

第三腦室脈絡叢
上矢狀竇
側腦室脈絡叢
室間孔
腳間池
橋池
蛛網膜
蛛網膜粒
大腦大靜脈
真竇
竇匯
中腦水管
小腦延髓池
第四腦室正中孔
蛛網膜下腔
終池

圖V-18　腦脊液循環模式圖

第六部分 內分泌系

一、甲狀腺

甲狀腺似兩座山，
中間借助峽部連。
緊貼氣管前兩側，①
摸不著也看不見。②

腺外包有纖維囊，
囊膜形成小隔牆。③
深入腺體實質內，
腺小葉在牆中藏。

甲狀旁腺 AVN，④
囊鞘間隙隱藏深。
變異約占二三成，⑤
手術當中要謹慎。

〔注釋〕
①緊貼氣管前兩側——甲狀腺上達甲狀軟骨中部，下抵第六氣管軟骨，位於氣管兩側。

②摸不著也看不見——正常甲狀腺從外觀看不見，也摸不著，只有在腫大時才能看得見，摸得著。

③囊膜形成小隔牆——纖維膜伸入腺實質內，將腺體分成大小不等的許多小葉。

④甲狀旁腺AVN——甲狀腺假被膜和真被膜兩層之間為囊鞘間隙，囊鞘間隙內有甲狀旁腺，動、靜脈血管和神經。此處A、V、N分別代表動脈、靜脈和神經。

⑤變異約占二三成——甲狀腺峽部缺如者約占7%；有錐狀葉者約占70%，甲狀旁腺和喉返神經的位置也常有變異。變異約占 20%～30%。

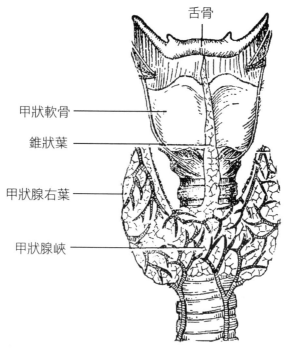

舌骨

甲狀軟骨

錐狀葉

甲狀腺右葉

甲狀腺峽

圖Ⅵ-1　甲狀腺（前面）

二、甲狀旁腺

　　甲狀旁腺扁圓形，

　　管理血中鈣和磷；①

　　表面光滑淡紅色，

　　長約零點七公分；②

　　上下兩對居無定，

　　手術當中要留情。

〔注釋〕

①管理血中鈣和磷——甲狀旁腺分泌的激素調節鈣的

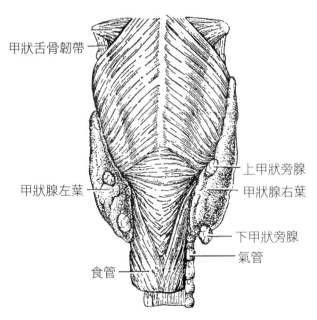

圖Ⅵ-2　甲狀腺和甲狀旁腺

甲狀舌骨韌帶

甲狀腺左葉

上甲狀旁腺

甲狀腺右葉

下甲狀旁腺

氣管

食管

代謝，間接影響血磷的濃度。

②上下兩對居無定——甲狀旁腺有上、下兩對。有的位於假被膜外，有的位於甲狀腺實質內。有的位於氣管周圍的結締組織中。並非在一個固定的位置。在施行甲狀腺手術時不能誤摘甲狀旁腺。

三、腎上腺

右腎戴頂三角帽，①
左腎頭頂月牙俏；②
腎上腺是淡黃色，
生理功能極重要。

皮質結構分三層，
記住各層之功能；
球鹽束糖網狀性，③
髓質分泌正副腎。④

〔注釋〕

①右腎戴頂三角帽——腎上腺左、右各一，位於腎的上方。右腎上腺呈三角形。

②左腎頭頂月牙俏——左腎上腺近似月牙形，「俏」俊俏，漂亮的樣子。此處「俏」字也為了押韻。

③球鹽束糖網狀性——腎上腺皮質的組織結構分為三層，即球狀帶、束狀帶和網狀帶。球狀帶分泌鹽皮質激素，主要是醛固酮。束狀帶分泌糖皮質激素，如氫化可的松。網狀帶分泌性激素。

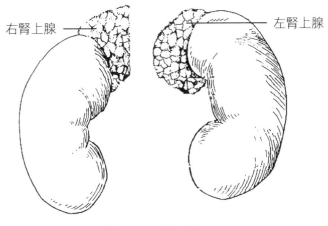

圖Ⅵ-3　腎上腺

④髓質分泌正副腎——腎上腺髓質直接受交感神經節前纖維支配，分泌腎上腺素（也稱副腎素）和去甲腎上腺素（也稱正腎素）。

四、垂　體

垂體位於顱中窩，
蝶鞍中央是寶座。①
上借漏斗連丘腦，
內分泌腺它統籌。②

腺垂體在中前部，③
分泌多種促激素。
神經垂體在後葉，
如同一個小倉庫。④

〔注釋〕

①蝶鞍中央是寶座——蝶鞍中央的垂體窩是容納垂體的位置。比喻為垂體的寶座。

②內分泌腺它統籌——垂體不但分泌生長素，而且分泌多種「促激素」影響甲狀腺、腎上腺、性腺的作用。

③腺垂體在中前部——腺垂體由遠部和結節部組成，佔據垂體前側大部分。

④如同一個小倉庫——神經垂體無分泌作用，由下丘腦的視上核、視旁核和結節核分泌的抗利尿素和催產素，貯存於神經垂體部，當機體需要時，由後葉釋放入血。

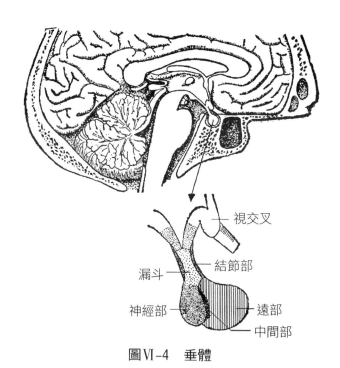

圖Ⅵ-4　垂體

參考文獻

1. 鄭思竟·人體解剖學·第二版·北京：人民衛生出版社，1984

2. 王永貴·解剖學·第一版·北京：人民衛生出版社，1994

3. 于頻·系統解剖學·第四版·北京：人民衛生出版社，1998

4. 徐恩多·局部解剖學·第四版·北京：人民衛生出版社，1999

國家圖書館出版品預行編目資料

人體解剖學歌訣／張元生　主編
　　　——初版，——臺北市，品冠文化，2008〔民97・02〕
　　　面；21公分，——（熱門新知；11）
　　　ISBN　978－957－468－591－2（平裝）
1.人體解剖學
394　　　　　　　　　　　　　　　　　　　　　96023953

人體解剖學歌訣　　ISBN 978－957－468－591－2

主　　　編／張　元　生
責任編輯／周　景　雲
發 行 人／蔡　孟　甫
出 版 者／品冠文化出版社
社　　　址／台北市北投區（石牌）致遠一路2段12巷1號
電　　　話／（02）28233123・28236031・28236033
傳　　　眞／（02）28272069
郵政劃撥／19346241
網　　　址／www.dah-jaan.com.tw
E－mail／service@dah-jaan.com.tw
承 印 者／傳興印刷有限公司
裝　　　訂／建鑫裝訂有限公司
排 版 者／弘益電腦排版有限公司
授 權 者／湖北科學技術出版社
初版1刷／2008年（民97年）2月
初版2刷／2011年（民100年）3月　　　　定　價／200元

大展好書　好書大展
品嚐好書　冠群可期

大展好書　好書大展

品嘗好書・　冠群可期